The Unique World

方寸

方寸之间　别有天地

日本酒の
世界

甘 卉——译

〔日〕
小泉武夫

著————

中
土
杯
风

日本酒的
文化史

社会科学文献出版社
SOCIAL SCIENCES ACADEMIC PRESS (CHINA)

前　言

据我所知，人类历史上几乎没有不沾酒的民族。当然，如今有些民族因为遵守宗教戒律而禁酒，但在他们漫长的历史中酒也必然若隐若现地存在着。酒从一个民族的文化中诞生，往往与这个民族的主食习惯、烹饪方式以及气候风土有着密不可分的关系。就像各国的主食及其吃法不尽相同一样，每个民族都会创造自己独特的酒。

日本很久以前就开始用大米酿造有自己民族特色的酒。它使用独一无二的多段式加工和反复发酵的再次发酵法制成，并独特地运用了高浓度的米曲霉菌，是日本得天独厚的气候与相应主食习惯的产物。

本书从探讨日本酒的诞生出发，围绕日本酒的酿造法到底是从亚洲大陆传入还是日本人自己发明的争论，考察各类古代出土文物、历史文献以及数个在我主持下进行的专业酿造学实验。本书将通过以上各类信息，来论述用日本大米酿造的酒，是日本本土居民亲手发明的"民族酒"这个观点的合理性，并通过日本酒最早出现的时间点这个背景，介绍在以农神崇拜为中心的日本多神信仰下，酒是如何从神的供品渐渐变成凡人饮品的。当酒真正属于日本人的时候，日本人对酒充满了爱意，用尽心血与智慧来培育它。

　　日本酒就这样在我们一代代祖先的相伴下一路走来。换个视角就会发现，每一个日本人的人生里都会有酒相伴。读者可通过阅读本书了解它是如何贯穿日本人从诞生到葬礼的各个人生重要仪式的，又在当中起了怎样重要的作用。美酒不仅可以让人沉醉，还在社交场合的"初次相见"中发挥着重要作用。

　　考虑到日常生活中人们对日本酒的喜爱与依恋，多少为日本饮食文化带来了一些独特的影响力，我们也会在本书中谈及相关话题。在讲到日本人祖先对日本酒的热爱和荣誉感时，本书将带领读者一起领略各类与日本酒有关的竞赛。

　　酒可不是光看着就能心情好的东西，必须喝到肚子里才能真正开心。所以我们也必须讲一讲酒器的故事，它可是将日本人与日本酒关联起来的不可或缺的存在。读者可以通过很多图片来开心地了解它们的逸事。本书所介绍的日本酒相关知识，如果能让读者体会到日本酒独有的智慧与浪漫，以及它在文化上是如何与日本人步调一致的，那便再好不过了。

目　录

第一章　酒在日本的诞生　　　　　　　　　　001

　　日本的浆果酒 / 淀粉酒的发现 / 稻米传入与造

　　酒 / 酿造口嚼酒 / 亲历者讲述体验过程 / 米曲

　　酿造酒登场 / 日本酒曲和酒的特点

第二章　从神的酒到人的酒　　　　　　　　　033

　一　神的酒，人的酒　　　　　　　　　　　035

　　献给神的酒 / 天甜酒和八盐折之酒 / 毒酒的来

　　源 / 酒中诸神 / 新尝祭用酒

　二　风土记与万叶之酒　　　　　　　　　　049

　　宴会用酒和禁酒令 / 万叶的酿酒术 / 酒粕与上

　　清液

　三　《延喜式》与朝廷的酒　　　　　　　　057

　　多样化的造酒法 / 上等酒和普通酒 / 灰土使用

　　法与白贵和黑贵 / 高水准的造酒技术 / 解开浓

　　醇酒之谜

第三章　日本酒的成长与成熟　　　　　　　　073

　一　僧人的酒，酒屋的酒　　　　　　　　075

　　美酒"天野酒" / 要戒律还是要经营 / 量产看
　　酒屋，品质看僧家 / 近代酿酒法的萌芽 / 早于
　　巴斯德的低温杀菌法 / 麹座风云录 / 新兴的
　　"农家酒"

　二　元禄的酒，江户的酒　　　　　　　　097

　　寒造酒技术成熟 / 酵母育种法的进步 / 酒株与
　　株改 / 江户人，好酒量 / 滩酒与伏见的酒

　三　近代日本酒的诞生　　　　　　　　　109

　　科学造酒 / 合成酒、勾兑酒与三增酒 / 从级别
　　制度到特定名称

第四章　酒、社交与人生典礼　　　　　　　125

　　庆典、酒与人 / 社交、酒与人 / 桃花节为什么
　　喝白甜酒 / 端午节与元服礼 / 结婚典礼 / 除凶
　　酒 / 葬礼与酒

第五章　卖酒生意　　　　　　　　　　　　153

　　"集市"的出现 / 酿酒屋的兴起 / 品牌（商标）

的诞生 / 酒屋的招牌 / 批发商与零售商的来

历 / 专职酿酒匠杜氏的出现 / 杜氏的职责 / 居

酒屋的出现

第六章　赛酒　　　　　　　　　　　　181

樽回船与番船竞赛 / 酒合战 / 唎酒赛（品酒

赛）/ 酒品评会

第七章　日本酒与酒器　　　　　　　　205

酿酒之器、酒殿与酒藏 / 酿酒器 / 运酒器 / 饮

酒器 / 温酒锅（烂锅）/ 铫子 / 德利 / 酒杯 /

杯洗和杯台

第八章　日本酒文化杂谈　　　　　　　245

丰富的酒肴 / 甜烈的变迁 / 酒宴的礼仪 / 温酒

的故事 / 无酒不欢 / 日本人的醉态 / 酒的功过

与作用

结　语　　　　　　　　　　　　　　　274

学术文库版后记　　　　　　　　　　　277

第一章　酒在日本的诞生

绳文时代[1]中期的复原住房

在长野县井户尻遗址群曾发掘出有孔锷付土器。绳文时代中期，人们就在这种房子里酿酒

1　日本历史阶段，从公元前12000年~公元前300年。——译者注。本书注释如无特别说明，
　　均为译者注。

日本的浆果酒

日本人的祖先什么时候开始第一次喝酒？关于这一点至今众说纷纭，没有定论。不过有证据证明在绳文时代中期，日本人的祖先就能酿酒并享用了。在公元前 4000 年到公元前 3000 年的古遗址中有很多相关发现，其中长野县诹访郡富士见町的井户尻遗址群就出土了可以明确证明这一点的文物。

昭和 28 年（1953）8 月，从该遗址群的高森新道一号竖穴式建筑中出土了大型土器。该土器无论是外形还是大小，都与以往出土的土器有着很大的差异，口部大而扁平，器颈处有方便套圆环的外凸，凸起的部分上还有十几个小洞，这就是著名的有孔锷付土器。因为它的外形与容量，考古工作者一开始把它当成了存储杂粮的容器。

不过，这之后又出土了几个相同的土器，土器的内壁上还有附着的野葡萄种子，于是有人猜测土器是用来酿酒的。仔细观察的话就会发现，土器的器身呈膨胀的弧形，就像后世的酒壶酒樽一样，这也正是让酒精发酵的理想形态。很快，新的发现证实了有孔锷付土器正是酿酒用的器具。在出土了有孔锷付土器的同一竖穴式建筑中，还发现了被认为是饮酒器皿的杯状土器和专门用于神龛供奉的凹状土器。

在当时出土的土器中，有孔锷付土器是相对大型的，高度从 33 厘米到 51 厘米不等，容量在 50 升到 60 升之间（能装 30 瓶日本升 [1] 瓶），可以一次性装下 70 公斤到 80 公斤的树莓、野葡萄、越橘、荚蒾、蓬蘽、茱萸或木通属植物果实等浆果。

由此可见，绳文时代中期日本人就已经开始造酒，至于能否追溯到这之前的狩猎采集时代则依然存在不同的意见。但是，至少从浆果类植物的丰富程度和先人们为了存储食物在原始容器（阔叶植物的叶子、树皮、大贝壳、树干、大型动物的骨板等）上很花心思这两点来看，当时的环境已经具备了酒自然而然出现的条件。对于古人来说，只要将像野葡萄这样珍贵的含糖果类放到容器里，就可以通过附着在果皮上的野生酵母简单使酒精发

1　1 日本升约合 1.8 升。

酵，从而坐享美酒。这种获得含酒精物的方法古人一开始恐怕也是很偶然发现的。

　　从当时食物短缺的状况来考虑，古人是不可能因为果物发酵后对冒泡感到恶心就轻易将食物丢弃的。人们会先品尝一下，于是就有了神奇的体验：不仅身体变热，脸也发红，心情也不似往常。对此兴致勃勃的人就会有意识地开始收集大量山果放到土器中，然后等着它们再次冒泡。这种关于古人如何发现酒的戏剧性故事看似异想天开，其实是一种顺理成章的推测。根据我的判断，早在绳文时代中期以前，日本人就开始造酒了。

绳文后期的土器

淀粉酒的发现

绳文时代中期的先人们难道只会通过采集多汁多肉的浆果来酿酒吗？有些证据表明事实或许并非如此。由 20 多处遗址及遗址群组成的井户尻遗址中，有一处名为池袋乌帽子的遗址群，其中的曾利遗址五号竖穴中出土了 5 块焦黑的类似面包的东西。经鉴定虽然不知道它来源于什么植物，但可以确定是淀粉团块。

这证实了当时的人们已经可以通过碳水化合物来获取淀粉，如果与有孔锷付土器的发掘联系起来的话，那么谷物酒出现的可能性就很大了。仔细想想，有淀粉、有器皿、有火、有水，还有空气中无数可以让酒精发酵的酵母，出现淀粉酒并不奇怪。

但要证明淀粉酒存在，还必须解决两大问题。第一，当时的淀粉来源于什么植物；第二，人们获得淀粉后又是通过什么手段将淀粉转化为糖的。第一个问题在证明淀粉酒的存在上不可或缺，只有先找到相关植物，才能正式展开该年代淀粉酒是否存在的讨论。

于是科考队以井户尻遗址群周边广阔的阔叶林地带为中心

展开了寻找淀粉源植物的调查，发现这里有栗子、核桃、小叶栲树种子、日本椎树种子、日本橡树种子以及七叶树种子，猪牙花、日本薯蓣、葛、百合的根茎及零余子，还有粟、稗子、薏仁等杂粮。有这样丰富的植被，如果酿造淀粉酒的话，很可能原料不止一种，是混合酿制的。

接下来，就很有必要调查清楚当时的人们是怎么获取和烹制这些淀粉原料的，只有搞明白这个步骤，才能知道他们在酿酒时如何处理原料。同一时期的遗址中还出土了石臼和杵，科考队猜测先人们应该是先用水浸泡坚果类果实，泡软后去掉果皮，用石臼和杵将里面含有淀粉的部分捣成粉末，再将这些粉末过水，去除涩味和碱味（主要是丹宁和木质素）。

根茎类作物古人会捣碎块根和块茎，再用大量的水筛洗，只保留淀粉部分；杂粮则是捣碎后让风吹走碎壳。至于用这两种方法加工过的食物原料，就像那焦黑的淀粉团块所告诉我们的，最后都是加水揉成块后烧烤食用。从处理酒的原料上来看这种加热烹饪方式是淀粉糊化与霉菌及酵母繁殖不可欠缺的工艺。既然具备了原料收集和处理工艺这两项条件，那么对于绳文时代中期是否有淀粉酒，我觉得答案是肯定的。

如果作为酒原料的淀粉的确存在，剩下的问题就是该如何让淀粉糖化。酵母是不能直接让淀粉发酵的，需要用某种方法让淀粉先分解成葡萄糖才能发酵。像野葡萄和树莓这类浆果，本身就包含气味香甜的果糖和葡萄糖，于是空气中的野生酵母附着后就会发酵，酿出果酒。但淀粉是不可能通过烧烤或蒸煮变为葡萄糖的，酵母无法发挥作用，就不能酿出酒。

古代人民此时已然掌握了"只有甜滋味的浆果才能酿出酒"的重要经验，所以不会放过"口嚼淀粉类食物能咀嚼出甜味"这一发现。唾液中的淀粉酶会分解淀粉产生葡萄糖，使味道变甜。将（含淀粉的）食物放入口中认真咀嚼，等变甜后吐到容器中。只要等上一会儿，空气中飘浮的野生酵母就会附着过来开始发酵，多半第二天就会冒泡排出二氧化碳气体。到了

甑

一种绳文土器。器皿的口部开了很多小洞，推测这是过滤酒液中混浊物用的

第三天，发酵愈发顺利，应该能闻到酒精的味道，这就是制作"口嚼酒"的过程。

绳文时代的先人们大概率就是用口嚼的方式来制造淀粉酒的。只要有植物的根茎或是坚果这些饱含淀粉的食物以及简单的容器，就能很简单地造出酒来。和果酒一样，有人推测在绳文时代以前的先土器时代（旧石器时代）就出现淀粉酒了。

口嚼酒并非日本古代独家发明，它很早就广泛出现在东亚、东南亚、南太平洋以及中南美地区，在环太平洋的部分岛屿上，一直到近年都延续着口嚼酒的传统。口嚼酒自然而然地出现在那些农业文明诞生前就以淀粉原料作物为日常食物的地

弥生时代中期的土器

区，并在亚洲南部掌握根茎类作物栽培技术的民族[1]大力推广下，遍布世界。

稻米传入与造酒

可以大致认定，日本的先人们一直到绳文时代中期结束，饮用的都是水果酒和通过口嚼坚果、植物根茎与杂粮中含淀粉的部分制造出的酒。到了绳文时代后期，大量旱稻稻壳的出土引发了学界新的思考。从部分考古遗址可以推测，旱稻的耕作种植早于弥生时代的低洼地水稻耕作，既然淀粉含量高的稻米出现了，那么考虑到口嚼酒已经存在这一点，口嚼稻米酿造米酒的出现也就顺理成章了。

旱稻被认为是刀耕火种式的农业文明伴随着后期阔叶林文化[2]在西日本传播时，与豆类和小麦一同传入日本的。考虑到这个背景，那么当时的酒应该就是用烧荒培育的旱稻制成的了。在

1　泛指史前中国南方至马来半岛以芋头、山药等为主食的民族，他们后来通过迁徙将根茎类作物的栽培技术带到亚洲各地。

2　由日本学者中尾佐助提出，指以阔叶林地带为共通要素所形成的文化区域，特征为栽培粟米、稗子等杂粮，培育稻米，制造丝绢。范围为从喜马拉雅山麓到东南亚北部山地，并包括中国南方以及日本西部等东亚温带亚热带地区。

公元前 3 世纪至公元前 2 世纪，水稻种植经朝鲜半岛进入日本的北九州地区。当时渡海而来的亚洲大陆移民拥有水稻种子和耕作技术，他们到达日本后开始种植水稻，拉开了弥生时代的帷幕。跟随水稻文化一同出现的，还有米酒的制造，这项技术与水稻耕种同步在日本各地传播开来。

日本学界普遍认为，水稻从亚洲大陆传入日本并开始耕种是弥生时代的事情。但在平成 4 年（1993），青森县北海道大学考古队发现了日本最古老的水稻稻米。

考古队在青森县八户市"风张遗址"竖穴式建筑的地面上发现了 7 粒米，根据加拿大多伦多大学的放射性同位素年代检测结果，这是绳文时代后期（约 3000 年前）的稻米。此前学界认为水稻耕作是绳文时代晚期后半段（约 2500 年前，也就是即将进入弥生时代的时候）传入日本九州岛北部的，并从那里向北扩散。但这次在本州岛最北部的考古发现显示，在学界认定时间点之前500 年，水稻就已在本州岛全岛传播了。这项考古证据为学界一直存在巨大争议的"绳文农耕说"提供了很有力的证据。

此次遗址考古还同时发现了粟米和稗子，它们在日本各地的遗址中也都有出土。如果先人是将杂粮和水稻一同种植的，那或许可以将日本人的水稻耕作追溯到更古老的年代。既然水稻传入日本的路线肯定是从南往北，那么到达青森县是 3000 年前的话，恐怕登陆北九州就是更早的时期了。搞清楚这些，才能正确判断日本稻米酒出现的时间。

酿造口嚼酒

我的教研室里曾进行过口嚼酒酿造实验。研究生进藤齐安排系里的 3 名女大学生一起口嚼蒸米饭，然后混合着唾液吐到烧瓶里，让米自然发酵。在弥生时代早期，会用木臼和杵捣碎米的外壳，推测大约能去除糙米 50% 的糠，所以这里我们使用的是精米步合 95%[1] 的米。

口嚼蒸米一段时间，大约 4 分钟后碘淀粉反应消失（淀粉与碘发生反应后会呈蓝紫色，但等淀粉转化为葡萄糖后该反应消失）。这表明唾液中所含的淀粉酶比我们预想的还要强劲，比起米曲霉菌或麦芽中的淀粉酶来毫不逊色。口嚼米发酵后的酒精度与酸度见后表。如果连续 10 天发酵的话酒精度可达到 9%，是如

1　指白米在碾磨后得出的精米重量是原来的 95%。越是好酒精米步合越低。

今啤酒度数的2倍，同时酸度[1]也能达到9.8毫升（乳酸约0.9%），可以说相当酸了。开始发酵前，葡萄糖在唾液所含淀粉酶的作用下呈增长趋势，在发酵后减少。不过到了第8天，葡萄糖的减少和酒精的增长都开始缓慢下来，这应该是新生成的酒精与乳酸使得负责发酵的酵母活动变弱了。如果这样持续发酵10天以上，那么酒就会只剩下酸味了。

通过这个实验，我们制作的口嚼酒在第10天酒精度数为9%，酸度9.8毫升（每100克），糖含量5%，看上去仿佛混杂着酸奶的甜味酒，和今天大家喝的酒又像又不像。关于口嚼酒的味道，江户时代末期的《成型图说》曾记载用于供神的口嚼酒"味道甚美，酒色洁白"。这段记述显示当时的口嚼酒是白色的甜酒，由于在江户时代末期已经使用水车来捣米了，再加上是敬献给神的供品，那么可以推测出口嚼酒的原料也是相当白的精白米。

在口嚼酒的时代，如我们之前所说，由于这种酒是献给神的供品，所以嚼米这项工作是不是应该由纯洁的未婚少女和侍奉神的巫女，也就是只能由女性来负责呢？对这一点进行考证时，

---

1 每100g酒液进行中和反应所需氢氧化钠溶液的毫升数。

口嚼酒酿造实验

天数	酒精度（%）	酸度（毫升）	葡萄糖（%）
1	—	—	12.8
2	—	1.8	14.2
3	0.8	3.0	14.9
4	1.4	4.3	14.1
5	3.6	5.3	12.0
6	5.3	6.3	8.8
7	6.9	7.7	7.2
8	7.6	8.4	6.7
9	8.1	9.1	5.9
10	9.0	9.8	5.0

制作方法

在6月中旬，3名女大学生每人慢慢咀嚼100克蒸米，然后吐到烧杯中，口嚼时间为4分钟，烧瓶放置在室外发酵。

观察结果

前三天发出甜香气。

第四天开始发酵，有轻微的酸味。

第五天发酵强烈，酸味变大，出现气体导致的膨胀，排气后发酵继续但没有了气体膨胀。由于发酵很慢，所以肉眼看上去没有太大变化。

总　结

"口嚼"工作相当辛苦。4分钟的时间里要一直咀嚼，实验参与者不得不一边看书一边进行，分散注意力才不会感到疼痛。参与者的头部尤其是太阳穴发疼，她们感慨"哎呀，'嚼米[1]'原来就是这么一回事啊"，由此对太阳穴名称的由来有了很深切的体会。大家用了4分钟的时间全力咀嚼才将米嚼成糊状，然后就再也嚼不动了。

1　"太阳穴"与"嚼米"在日语中发音都是"komekami"。

我们发现在 8 世纪初的《大隅国风土记》中有制作口嚼酒"男女汇聚一处，咀嚼稻米，吐入酒槽"的记载，从这段文字来看，口嚼酒的工作并非只能由女人来做。虽然《三国志·魏书》中关于"东夷"的部分记载制作口嚼酒的工作是由处女来负责的，[1] 但《大隅国风土记》中显示也有男性参与。另外，在《古事记》中卷《仲哀天皇》的"气比大神与酒乐之歌"一节中也有"是此御酒，所酿之人于其鼓者，如臼而立，歌而酿之，口而酿之"的文字，并没有显示存在特定性别。

这些都是关于口嚼酒的最古老文字记载，更早之前的难以知晓，也可能是在此之后才有了女性独揽口嚼酒工作的习俗。总之，在日本部分地区的人们学会用米曲酿酒后，就有了在节日祭典和神社仪式等场合供奉和使用口嚼酒的传统，而这项工作全部由女性负责。直到近年，在北海道纹别附近的阿伊努族熊祭上，在冲绳本岛、吐噶喇列岛[2]的宝岛、先岛列岛[3]的石垣岛和波照间岛等地的宗教仪式上负责口嚼工作的依然是女性，男性不能参与。

1　《三国志·魏书》中并未找到相关记载。

2　日本九州岛西南方的群岛，属鹿儿岛县。

3　琉球群岛最南部的岛屿群。

亲历者讲述体验过程

这里向大家介绍亲身体验过口嚼酒制造过程的宫城文女士（已故）的珍贵手记。宫城文女士在少女时代曾参加过石垣岛的口嚼酒制造。1976年，她在84岁的时候回顾了那段经历，并写下来寄给了日本酿造协会。让我们先来初步了解一下当时石垣岛的祭神仪式和口嚼酒。

包含石垣岛在内的先岛列岛有举办盛大丰收祭典的传统，祭典上不可或缺的就是"嚼密西"（神酒）。嚼密西平时也叫"密西"，要供奉给神佛时就叫"密霞古"，这些都属于口嚼酒。用米酿造的是白色的"白密西"，用粟米和黍米酿造的是黄色的"黄密西"，用红高粱酿造的是红色的"红花密西"。村子举办丰收祭典的时候，村民们会将刚刚收上来的新米做成密西。他们在向神供奉密霞古之前会先喝密西，这就是"大御神酒囃子"仪式。

除祭神仪式之外，人们还习惯在建房、造墓、播种、割麦等需要很多人手的事情上拿出密西来。希望大家一边想象着当时的社会风俗，一边来阅读宫城文女士的手记。

宫城文女士记录的口嚼酒"密西"的制造流程

1. 负责口嚼的人

   被称为"嚼密西人"(在日本本土叫造酒童子)。牙齿结实、身体健康的妙龄少女,用盐细心刷牙,梳理头发,戴上头巾,身着白色和服、佩绶带工作。

2. 材料

   (1) 2升粳米煮成比较硬的饭;

   (2) 0.2升生粳米磨成当地称为"kangi"的米粉(将米用水浸泡,沥干后捣碎而成)。

3. 制造方法

   (1) 水槽里注入定量水,将米饭一点点口嚼后吐入槽中;

   (2) 粳米米粉同样处理;

   (3) 全部嚼完后,再将沉到水槽底没嚼碎的米粒取出嚼碎;

   (4) 嚼完的原料用石臼碾压,再用筛子过滤;

   (5) 装瓶盖好让它自然发酵;

   (6) 每天搅拌3次;

   (7) 等到第三天已经可以饮用。第四天开始酒精成分变浓,可根据个人喜好选用"三日密西"或"四日密西",女性一般喜欢三日密西的比较多。

　　实际上，在我小的时候，曾有过口嚼密西的经历，我就顺着回忆写下来好了。

　　有一天，亲戚家的伯母来访，拜托我姐姐做点造墓时候要用的密西。我听说后就求她"我也要参加，请把我算进去"，伯母很敷衍地回答"你年纪还小，等长大了再说"，没有把我当回事。但我一个劲"我也想嚼嚼看，我也想嚼嚼看"不断央求，带着我的亲戚也在一旁说情，最后总算成功混入队伍。我高兴极了，像姐姐一样整理着衣服，看得加梨子姐姐抱起我高高举着，说着"好可爱，而且很懂事呢"。伯母一边抚摸着我的头一边说"别被乌鸦叼走了，大家都看好了她"。于是大家坐在大树的树荫下开始嚼米，围坐在装着水的水槽旁，每3人一组，在两侧咀嚼。一旁放着芭蕉叶，上面堆着很多米饭，还有个芭蕉叶盖着的大竹篓。用小碗盛好后我们就开始工作了，嚼米时大家一直处于沉默中。虽然嚼上五六次对我来说没什么问题，但因为之前用盐刷牙太使劲，导致此时牙根很疼。然而毕竟是我自己主动提出参加的，孩童特有的好强让我忍耐着继续慢慢咀嚼。就在大家都觉得累了的时候，当家的伯母端出来切好的青色香橼（山橘子）说"看看这个是不是很酸？后面还有好多呢"，然后放下就走了。原来端出香橼是这个目的啊。托香橼的福，很快大家嘴里就充满唾液，能方便地继续工作了。接下来我们要嚼一种叫作"kangi"的米，把它用水浸泡后捣碎成粉来嚼。这米又干又硬，很难嚼，嚼着嚼着就没口水了，就算看着香橼也没用。虽然我知道不能含着水嚼，但是喝了一点水，才算把这部分生米嚼完。虽然我很想说不干了，但是又很想吃酱菜和眼前切好的香橼，所以只能忍耐。伯母时不时过来看看，但她只会说"做完就可以吃饭了，大家加油"。我一边唉声叹气一边将水槽底没嚼碎的米粒捞起再放到嘴里，总之是跟着大家坚持了下来。当时只有九岁的我，像十四五岁的姐姐那样完成了制作口嚼酒的工作，那份倔强现在想起来很可怜。这是一种不能说话，不能唱歌的缄默修行。持续两到三个小时咀嚼同一种东西，而且怎么嚼都不能咽下去，其实挺辛苦的。牙齿疲惫，口腔干燥，牙龈疼痛，这些艰辛都是难以忘却的记忆。虽然口嚼密西的工作很艰难，但反过来看，对于负责口嚼的人来说这是一份荣誉，令人欢欣。因为它意味着自己作为健康、气质清新的女性被百里挑一地选拔出来。那些喝着密西的男人们也会打听"这密西是谁嚼出来的"，如果得知正是出自自己心仪的女性或恋人，又或是有血缘关系的妙龄少女，那喝起来想必别有滋味。

米曲酿造酒登场

稻米的传入，为一直处于口嚼酒时代的日本带来了划时代的技术革新，人们开始用米曲酿酒。米曲霉菌飘浮在空气中，也会附着在稻草或蒸煮好的米饭上，它们的孢子一旦发芽就会生出菌丝，然后分生出更多的孢子并不断繁殖。在这个过程中，米曲霉菌会产生大量的酶，特别是淀粉酶，淀粉酶被排出米曲霉菌体外后残留在米曲上，使米所包含的淀粉糖化变成了葡萄糖。

先人们已经有了只要味道变甜就能变成酒（酵母引发酒精发酵）的经验，所以米曲发酵应该会让大家不胜欣喜。不仅不用再辛苦口嚼原料，还可以通过大量制造米曲来提升酒的产量，酒

将人们从"口嚼"这件辛苦的
工作中解放出来的米曲霉菌

图片来源：bio'c Co.,Ltd

　　的品质也更上一层楼。

　　米曲酿造酒的出现，几乎让浆果酒与口嚼酒瞬间退出历史
舞台，不过目前尚无定论这个历史时刻具体是何时。有观点认为
日本人在开始栽培水稻后不久就开始用米曲造酒了，与口嚼酒的
存在同时。也有人认为是在公元前3世纪至公元前2世纪时期，
米曲造酒技术包括米曲的制造方法与水稻农耕文化中的造水田、
播种、培育、收获、贮藏等关于水稻的知识一起，作为稻米的加
工和使用技术，被打包传入日本。

　　借助霉菌的力量让谷物中的淀粉糖化酿酒的技术以东南亚
的阔叶林地带为中心，传遍中国、日本、朝鲜半岛等地，以及尼
泊尔和不丹等高原地区。位于东亚的日本米曲酒文化与其他米曲

酒文化相比有一个很独特的差异，那就是其他文化主要使用的饼曲，日本酒用的是散曲。日本用曲霉菌造米曲，而其他国家主要用毛霉菌。这一点在追溯日本酒源流的时候十分重要。

详细内容我们到后面再展开。总之，在奈良县唐古遗址发掘的带谷种的土器、宫城县枡形围贝冢和青森县垂柳遗址发掘的水田遗迹都证明了日本人有种植水稻并在全国推广的事实，由此也可以推测以水稻为原料的造酒技术随之得到普及。考虑到"无论哪个民族的酒都与主食有着深刻的关系"，可以推想在水稻种植和稻米烹饪上越来越娴熟的日本人，不会错过稻米在加热中发霉产生"米曲霉菌"的这个过程，那么开始用它造酒也就不奇怪了。

日本人初次发现米曲霉菌的作用，很可能是在梅雨季节霉菌活动最旺盛的时候，装在容器里的米饭因为落了米曲霉菌而长出了米曲（即使是今天供奉在神龛里的米饼也很容易发霉）。碰巧又遇上房屋漏雨或其他什么原因导致积水留存，于是淀粉酶开始发挥作用，糖化产生葡萄糖。紧接着酵母开始发酵，生出了与口嚼后类似的东西，弥生时代的人们隐约从中闻到了酒的气味，这或许就成为他们了解米曲酒的关键。他们如果有意识地不断重复这个场景，并得出与前面偶然得来的酒相同的结果，那么不难推测在弥生时代早期使用米曲酿酒的可能性极大。

不过，在国外也有相似的发现酒的案例。各个民族传承下来的酿酒技术多半与本民族的主食加工方法及吃法有着绝妙的关联。公元前 4000 年至公元前 3000 年间，人类最古老的文明之一两河流域文明就用自己的主食大麦造出了今日啤酒的祖先，也就是用大麦麦芽酿造的麦酒。在美索不达米亚发掘的"布劳石板"（The Blau Monuments）就画下了这一过程，并附有楔形文字说明。

在当时，一开始也是当地人的主粮大麦因为某些原因被水浸泡，直接发出了麦芽。麦芽中的淀粉酶分解了大麦中的淀粉，变成麦芽糖。人们大概觉得直接丢弃很可惜，就先放着打算做成面包。一旦放到容器里，雨水中的酵母就引起了酒精发酵，接着"麦芽酒"就诞生了。由此推测，无论时代、地域、民族和原料怎么千差万别，自家酒曲第一次造出酒的场景大致是一样的。由此推断，日本的先民们可能在熟练掌握稻米的种植和烹饪方式后，借助各地不同的风土气候，在日本各地开始用米曲造酒，成功后再四处普及。

最早记录用米曲酿酒的文献，是和铜六年（713）创作于播磨国（今兵库县西南部）的《播磨国风土记》。书中在谈到宍禾郡庭音村村名来源时记载"大神御粮沾而生酶，即令酿酒，以献庭酒而宴之"（献给神仙的硬饭濡湿发霉了，就用它酿酒，然后将新酒献给神），这正是日本关于米曲酿酒最早的文字记录。且不论是否应将书中记载的年代视为日本最初米曲酒出现的时间，从酿造学的角度来看，米曲出现的时间点可能要更早。

记录中的"御粮"也就是蒸的硬饭，需要使用甑才能蒸出来。在绳文时代晚期后半段的遗迹中已有甑出土（和歌山市鸣神

左：布劳石板（公元前 3000 年，巴比伦时代）上的图像

右：喝啤酒的埃及人（公元前 2700 年）

音浦），它作为和水稻一同传入的蒸米饭用的大型厨具，自然在弥生时代前期也会使用。

　　当时米饭的做法主要是蒸，蒸饭吃起来很硬（更早时是用款冬叶和树皮等物包裹稻米，用火烧或者放在热灰里烤熟）。像今天这样米和水混煮的做法，是伴随着煮饭用的灶台和厨具的进步在贵族阶层先出现的。到了《万叶集》的时代，山上忆良作《贫穷问答歌》写道："灶头无烟火，锅上蛛网悬[1]。忍饥已多日，不复忆三餐。"[2]可见当时做米饭用的是甑。使用甑蒸出来的是硬

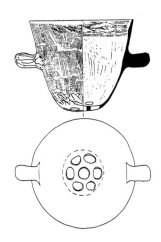

和歌山市出土的甑

高 22cm，直径 25cm（《日本酿造协会杂志》）

1　原文为「甑には蜘蛛の巣懸きて」。

2　《日本文学史话》，刘振瀛编著，商务印书馆，1995。

饭，这对于米曲的出现具有很重要的意义。我曾亲自做过一个简单的实验来证明这一点，过程如下。

将炒、蒸、煮过的三份米分别放到不同的碗里，放置在室内。至第三天，蒸过的米饭表面霉菌很旺盛，还有丝丝的甜味。煮过的米饭经过一星期也没有发霉，但是表面繁殖出一层奶油状的微生物薄膜，并散发出坏掉的纳豆一样的怪臭。炒过的米则没有任何微生物反应。重复几遍都是这个实验结果。

导致这个结果的最大原因就是加热米的水分差异，煮饭是在 100 摄氏度的水温下加热，蒸饭则是利用接近 100 摄氏度的水蒸气来加热，而炒米能达到几百摄氏度的高温还没有水的介入，三者水分的差异极大。水分对于微生物的繁殖有着很重要的影响，过多或过少都不行，不同种类的微生物也有各自的湿度要求。

我对三种米的水分进行检测，煮米含水量为 65%，蒸米含水量为 37%，炒米含水量为 10% 以下，差距很大。就米曲霉菌而言，35%~40% 是它们最理想的水分活性区间，正好与蒸米的含水量一致。通过这个实验，我明白了为什么只有蒸米才能长出米曲霉菌。在我们今天的生活中也有个常见的例子，就是正月供奉在神龛上的米饼（是用蒸米做的）如果放上几天，就会长出各种各样的霉菌来。

如上所述，旱稻有了，水稻也有了，绳文后期与弥生前期的人们也会用甑蒸硬饭了，加上适合米曲霉菌家族兴旺发展的高湿度气候，搞不出来米曲才是怪事，用它酿酒更是理所当然。这应该是一个曾在日本各地上演，经历了不同的尝试与失败，最终成功用米曲霉菌酿出酒的故事，尽管在8世纪的《播磨国风土记》之前从没有文字记录过它。

饼曲与散曲的对比

	饼曲	散曲
原料	大麦、小麦、高粱、粟、米等	米、小麦、大豆
原料加工（蒸煮程序）	生（无蒸煮）	蒸
种曲工艺	自然产生	散布种曲
形状	块状	粒状
主要霉菌	毛霉菌	米曲霉菌

日本酒曲和酒的特点

中国大陆、朝鲜半岛、日本、东南亚地区，以及尼泊尔和不丹等高原地区都广泛使用酒曲来酿酒。酒曲在日本写作"麹"，在中国是"曲（麴）"及"糵"[1]，在朝鲜半岛叫"ㅁ加"，在印度尼西亚、马来西亚、越南叫"拉各衣"，在泰国叫"路库潘"，在菲律宾叫"布波托"，在尼泊尔叫"木苦茶"。酒曲为各个国家酿制出传统风味十足的美酒。不过在对比日本与其他国家的时候，我发现一个很有意思的差异：日本以外亚洲各国的酒曲（只有亚洲存在曲的食文化）以"饼曲"为主，而日本则以"散曲"为主。

谷物是饼曲的原料（主要是小麦和高粱）。将原料粉碎加水，手工揉成圆团、饼状或扁平状，不加热，直接放在室内（造曲的专用房间），等待霉菌繁殖变成酒曲，这就是饼曲。散曲则一般不会将原料（酒原料为白米，酱油和味噌原料为小麦和大豆）加工成粉末，而是保持它的颗粒原状，加火蒸熟，并在上面撒上霉菌的孢子，然后放置室内，通过这种方式让霉菌繁殖，获得酒曲。饼曲这个名称来源于其外形是小型饼状，散曲也是因为它的散乱分布而得名，但为什么散曲能在日本一家

1　"麴"字在中国亦有使用。——编者注

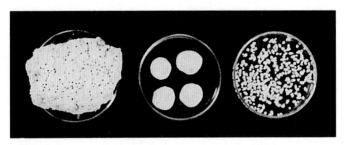

散曲与饼曲

左侧为中国的酒曲，中间是印度尼西亚的"拉各衣"，这两种都属于饼曲。右侧是日本的散曲

独大这一点引起了我的兴趣。弄清这一点对于了解日本造酒技术的源头有着非常重要的意义。

在日本散曲一家独大，亚洲其他国家却以饼曲为主的原因何在？如果弄清楚它，或许就能证明日本酒酿造是日本人民自己独立创造的技术了（对于日本酒的起源，日本国内有造酒技术从亚洲大陆传入和本国独立发展的两种观点，至今没有定论）。我就结合自己的研究来尝试论述一下吧。

前面我们提到，各民族的造酒技术在大多数情况下，是与他们的主食加工和烹饪方法相吻合的。如果从这个观点来看，那么吃白米的日本人喝散曲酒，将小麦和高粱磨成粉，做成馒头、包子、面条来吃的中国人喝饼曲酒似乎就是理所当然的了。不过，中国地域辽阔，其南部也有以大米为主粮的地区，而朝鲜半岛和东南亚也有吃面食的习惯，所以不能一概而论。

进一步说，区别于其他国家，日本不仅以稻米为主食，还是一个气候湿润的国家，那么很大程度上会自然而然地出现散曲酿酒。散曲的酿造法巧妙地融合了风土气候、微生物状况以及主食加工方法等条件，再加上日本人的独创性，独立酿造出日本酒就是水到渠成的事。再深入了解后就会发现，日本的散曲用的是米曲霉菌，亚洲大陆的饼曲用的是毛霉菌，如果能将微生物生态的问题搞清楚，或许就接近真相的核心了。

于是我做了两个实验。第一个前面已经讲过，在气温和湿度都很高的六月分别放置煮、炒、蒸过的米。只有蒸过的米（硬饭）霉菌生长十分旺盛，也就是说，硬饭更适合霉菌的繁殖（硬饭上的霉菌能自然发酵）。因水分的差异，米饭中的部分蛋白质产生了热变性，导致毛霉菌很难分解，也很难增殖（霉菌无法直接从蛋白质中获取养料，只能先将它分解成氨基酸后摄取），而米曲霉菌则相反，它可以很轻松地分解蛋白质，然后快速繁殖。

　　第二个实验，是考虑到饼曲的制作方法是将小麦和高粱磨成粉，加水后不加热直接放到曲室等霉菌发酵。像小麦和高粱这样的原料，在栽培阶段就已经附着了很多的毛霉菌，我推测不能加热的原因就是为了让毛霉菌好好生长。于是我尝试从刚刚收获的麦穗上分离霉菌，其中占压倒性多数的是毛霉菌。平均100毫克的麦穗（一耳挖勺大小的容量）上有2万个毛霉菌孢子，而米曲霉菌只有20个，两者相差1000倍，印证了我最初的猜测。

　　我又对稻穗做了相同的实验，这次的结果是米曲霉菌为主力军，几乎检测不到毛霉菌。米曲霉菌的学名在明治9年（1876）由东京医学校（东京大学医学部前身）的御聘外教赫尔曼·阿尔堡（Hermann Ahlburg）命名为 *Aspergillusoryzae*。*oryzae* 取自水稻的学名 *Oryzaesativa*，说明水稻与米曲霉菌的关系在当时已引起了人们的关注。

　　以上两个实验是为了推导当今用蒸米做散曲来酿造的日本酒，是否为自古以颗粒米饭为主食的饮食习惯和日本独特的风土气候独创的。如果像很多学说所认为的那样，日本酒的出现与从亚洲大陆传来的霉菌糖化法相关，那么日本也应该像亚洲其他国家那样，采用粉碎原料后不加热的饼曲法来酿酒才对。然而事实却不是这样，所以该怎么解释用保持颗粒状的蒸米来造酒曲的现实呢？何况要是真的受亚洲大陆影响，就必须用毛霉菌造曲，米曲霉菌又是怎么一回事呢？

这两个实验是不是可以很好地说明，使用散曲的日本酒在日本列岛上是以蒸米为主食的日本人自行发明的呢？酒的出现，不仅与当地人的主食原料以及加工方法关系密切，还依赖气候风土和本地环境下固有的微生物。以此为基础，再加上当地人的想象力，才有了种种独特的酿造方法与美味。

第二章　从神的酒到人的酒

日本各地的神社中，有些至今保留着与神话和酒息息相关的神乐舞

一 神的酒，人的酒

献给神的酒

原始社会时期，人们在掌握了衣、食、住方面的知识后，意识到为了活下去要互相依靠，于是渐渐形成了部落，进而出现了原始形态的国家——这是每个文明都有过的经历。这种群居生活进一步组织化后，通常就会开始以"神"为中心象征举行祭拜活动，以此将众人团结起来。无论出了什么事，人们都会向神祈祷、起誓，然后怀着敬畏之心感谢神，并供上祭品作为报答。

酒趁着这个好时机出现，让大家体验到从未有过的醉人美味，那种陶醉的感觉能让人跳出现实，感受神秘，虽转瞬即逝，却有一种能靠近神的错觉。于是宗教仪式上，酒就成了常客，它替代了牲祭和鲜血成为供品。

酒的原料与农业耕作关系深厚这一点尤其影响深远。任何产酒的国家里，酒神都是农神或丰收之神，都流传下来很多融合了神、酒、民众这些不同元素的丰收庆典仪式。很多日本的神祇也因为与农业关系密切而受到崇拜，特别是与水稻耕作有关的神，在民间的信仰非常深厚，向这些神供奉御神酒可以说是不可或缺的。

换个角度来说，酿酒也因此被看作敬神仪式中重要的组成部分。以清澈的活水加工，用硬饭来制造米曲，然后放入酒坛中等着酿成。因为是献给神的供品，所以不能用腐坏混浊的酒，要用上等美酒才行。如同虔诚祈祷农作物丰收一样，期待依靠神力来酿出美酒。人们或许不单纯是为神而酿酒，也是不想看到辛辛苦苦收获的粮食被放坏了，带着这样的心情一边祈祷一边精心酿酒。

在这种背景下，弥生时代后期，日本各地出现了能造酒的神社，它们供奉酒神，并记述与神酒相关的内容。其中有神吾田鹿苇津姬（木花开耶姬）酿造的"天甜酒"（出自《日本书纪》中关于日向神社的内容），以及"八瓮酒"、"毒酒"（出自《日本书纪》中对斩杀大蛇的介绍）和"八盐折之酒"（出自《古事记》中的出云神话以及斩杀大蛇的故事）等神酒陆续登场。

在《日本书纪》和《古事记》中，与上述神酒相伴出现的还有水稻耕作、桑蚕养殖以及铁器与铜镜。由此可以判断，成书的年代是弥生时代中期或后期，也由此关于神酒的"神—人—酒"联结可追溯到更久远的时代。不过，从这些内容中可以推断，在部族出现的时代，日本人就开始喝酒了。虽然没有文字记录，但这条关于酒如何发展的纵向时间线显然在文献出现之前就已经存在了。

天甜酒和八盐折之酒

那么，当时献给神的酒到底是什么样？想了解这一点的话，我们就来说说"天甜酒"和"八盐折之酒"的故事吧。

"天甜酒"出自《日本书纪》（卷第二·神代下）第三个"一书曰"，在"时神吾田鹿苇津姬、以卜定田、号曰狭名田。以其田稻、酿天甜酒尝之。又用淳浪田稻、为饭尝之"中登场。"天甜"的"天"指至高无上的天界，也就是神的世界，"甜"表示"甘甜的美酒"，"尝之"是祭神仪式"新尝"（将新收上来的稻米做成米饭和酒献给神，在神龛前与神一同享用）。"狭名田"是专门耕作祭神仪式所用稻米的田，通过占卜择定，并用白羽箭立在田间作为标记，而"淳浪田"是在黏稠的泥土上灌水的水田。所以这里的意思是"用神田中收获的新米酿成天甜酒，用水田中收获的新米做成米饭，在仪式中供奉给神"。

蒸饭（硬饭）用来制造米曲，须惠器（用亚洲大陆传来的技术烧制的土器）用来汲水（原料水），有这两道工序，就可以造酒了。不过既然叫甜酒，味道就应该非常甜，那必然要加大米曲的使用比例，倒上水进行糖化反应后，葡萄糖的浓度变得很高，由此形成的渗透压抑制了酵母的生理活性（浓糖压迫）导致酒精无法发酵，反倒是对这种环境十分适应的乳酸菌活跃起来生成了乳酸。"天甜酒"可能酒精度数极低，是口感浓稠、又酸又甜的味道。

自大宝元年（701）新尝祭[1]和大尝会[2]制度化后，这项仪式一直延续至今。不过早在遥远的弥生时代，就有古老的故事讲述酒作为农耕仪式中重要的参与者，进入日本的祭神活动之中。

《古事记》中出现在斩杀八岐大蛇故事中的神酒"八盐折之

1　农历每年十一月第二个卯日的仪式，天皇向神供奉当年的新谷物。

2　即位后第一年的新尝祭，天皇会用当年的新谷物供奉天照大神以及各路神祇，自己也一同享用，一任天皇只举办一次。

酒"，在《日本书纪》中被记作"八酝酒"和"毒酒"。"八"代表着数量多，"盐"指那种非常刺激舌头的味道，也就是味道很重。"折"有反复加工的意思，"八盐折之酒"也就意味着"反复酿造的浓酒"。由于"酝"也有"反复酿造"的含义，所以可以将"八酝酒"与"八盐折之酒"视为一个种类。

百姓畏惧身为神祇的大蛇，并与它结下了仇怨。想打败这个强大的对手，普通的手段是不管用的，所以必须利用反复酿造、酒力强到大蛇都想不到的酒来助阵，于是这类浓酒就出现了。

在平安时代的《日本纪私记》中记载了这类酒的酿造方法："亦有一法，一次酿熟，榨其汁液去其酒糟。再以此酒为酿造汁水复酿之，如此反复八次，是为醇熟佳酿。"也就是说，先用蒸饭、米曲和水酿造味道浓厚的酒，榨取汁液去掉酒粕，再用获取的酒液和新的米饭、米曲重复酿酒过程，获得新酒水后再次加到新的米饭和米曲中，酿造后再榨取……如此不断反复，就获得了浓郁美酒。

用新酿出来的酒替代加工用水制造新酒，可以说是用酒酿出来的酒，那滋味肯定很浓郁。能想到用这样的酒来醉倒大蛇，然后趁机打败它，可见当时人们对神的敬畏之深，以及酒是如何将神与人联系在一起。

毒酒的来源

《日本书纪》中，还出现了另一种充满了神秘的酒——"毒酒"。同样是在斩杀大蛇的过程中，"素盏鸣尊乃计酿毒酒以饮之。蛇醉而睡"。这里出现的毒酒有很多解释，大多数观点认为就是为了打败强大的山神大蛇而放了毒药的酒。

但事实真的如此吗？我认为酒作为神与人之间神圣的纽带，不太可能随便被加入毒药去毒杀另一位神。我们要考虑到日本"神与酒"的真谛，还有日本神话特有的浪漫"大蛇因饮酒过度沉沉睡去，未料到这酒是要夺取它性命"，此处是不是可以认为，毒酒其实更接近"恶酒"呢？

即使到了今天，在出云地区的山间还存在着被称为"荒神[1]大人"的大树，树的底部就用形似大蛇的长蒿绳围着。在当地举办各类节庆仪式时，人们要向它供奉御神酒进行祭祀，由此在

1　日本神话中指那些会带来天灾人祸的神祇，八岐大蛇即荒神。

大蛇神乐舞
在山中展现壮美勇武的神话世界
（摄影：藤川青）

荒神的面前完成神、人、酒的一体化，来祈祷风调雨顺无自然
灾害，村民们能安心地劳作生活。可见，荒神也不是可以随便
加害的。将"毒酒"解释为放了毒的酒，等于忘记了日本文化
中神、人、酒一体化的本意，是站在后世人的角度才能想出的
解释。

酒中诸神

　　我们前面说过，由于与水稻耕作渊源深厚，所以农民所信

奉的神灵们也就和酒结下了不解之缘，那么在这里我们就稍微来了解一下与酒有关的诸神之谱系。首先要说明的是，相关的谱系需要深度研究并进行历史学和古文献学考证，本书无法做到面面俱到，仅能够从"酒与神"这一点出发，以权威人士加藤百一博士等人的论文（《日本酿造协会杂志》第 73、74 期上的《酒与神社》以及同刊物 76~80 期刊登的《续酒与神社》）为基础，并参考《古事记》和《日本书纪》的内容，来介绍一下与造酒业关系深厚的神社及其所祭祀的诸神的谱系。

在《古事记》和《日本书纪》中，有很多与酒有关的神祇登场。广为人知的有天照大神、须佐之男及大国主神等。根据《古事记》的谱系，造酒的祖师爷"酒神与酒神之子"，乃是酒弥豆男神（伊邪那岐）和酒弥豆女神（伊邪那美）之子大山津见神（大山祇神），与大山津见神的女儿神阿多都比卖（《日本书纪》认为是神吾田鹿苇津姬，即木之花佐久夜比卖，亦即木花开耶姬）。

酒神大山津见神原本是山神，他掌管山中水源，并用这些水灌溉稻田。同时他也是司掌农作物收获的农耕神。酒神之子神阿多都比卖是负责"号曰狭名田。以其田稻、酿天甜酒尝之"的神（《日本书纪》）。明明女神也是造酒业的创始者，但日本酒的加工场地直到近些年才废除不许女性进入酒窖造酒的规定，真好奇到底在历史的哪一个环节出了问题才出现了这个习俗。其实在古代，女性一直是造酒业的主力军。

在6~7世纪，神社与宫中酒神殿所供奉的主神为酒神与酒神之子两位。如今，在京都市右京区梅津的梅宫大社依旧供奉着他们。那些在《古事记》中登场的神祇，有很多与酒有关，且到今日依旧有供奉他们为主神的神社。其中最有名的，就是京都的松尾大社与福冈县的宗像神社。

松尾大社是6~7世纪时担负起文明开化大任的豪族秦氏一族的神社，由当时的族长秦都理在大宝元年（701）建造。神社不仅供奉此前一直祭祀的市杵屿姬，还将须佐之男的孙神大山咋神立为神社的主神。《古事记》中介绍大山咋神为"坐近淡海国之日枝山。亦坐葛野之松尾"。他也是今日滋贺县大津市坂本町日吉大社的主神。

宗像神社所祭祀的多纪理比卖命、市寸屿比卖命（宗像神社于701年从松尾大社请来了这位女神，如今两个神社都供奉她）以及多岐津比卖命这三位女神，根据《古事记》所记载，是

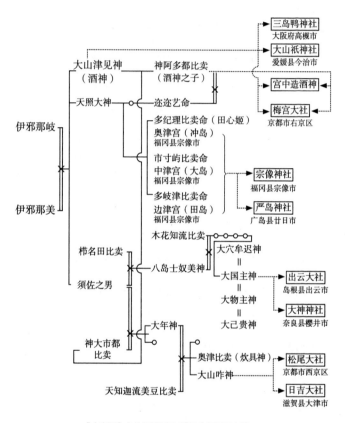

《古事记》中的酒神谱系（《日本酒的历史》）

天照大神与须佐之男在天安河起誓时，从天上的真奈井 [1] "口吹狭雾"出现，是从水雾中诞生的三姐妹女神。[2]

天照大神将多纪理比卖命安排在冲岛的奥津宫，市寸屿比卖命安排在大岛的中津宫，多岐津比卖命安排在田岛的边津宫，分别掌管玄界滩 [3] 要地，守护通往亚洲大陆的航道。三位女神不仅要守护航道，还兼职酒神，担任神酒酿造过程中的祭司。推古元年（593）为她们建起了正殿和回廊，这之后的 12 世纪，豪族平氏的守护神社严岛神社（广岛县）也尊三位女神为祭神。

奈良县樱井市三轮町的大神神社（三轮明神）作为祭祀酒神的神社也是声名在外，这里的祭神为大国主神。大国主神也叫枡甕魂命，枡与"志久"同音，"志久"为酒的美称；甕即瓮，指盛酒的容器。三轮明神中还祭祀另一个酒神少彦名神，在

1　《古事记》中也写作真名井，两者发音相同。

2　天照大神与须佐之男是姐弟关系，须佐之男遭父亲伊邪那岐放逐，走之前去向姐姐告别。天照大神以为他怀着敌意而来，故全副武装质问，于是须佐之男神与她到天安河起誓。天照大神将须佐之男的佩剑折为三段，并摇响身上的八尺琼勾玉，再取真名井水洗涤断剑，"啮碎其剑，口吹狭雾"，三女神就在雾中诞生。后又生了五个男神。两位神希望这些孩子成为他们关系和睦的象征。

3　位于九州西北部，它的西侧就是对马海峡。

《古事记》的"酒乐歌"中说他"司酒，渡坐于常世国[1]"，显然是位酒神。

出云大社同样供奉大国主神，他有大国玉神和大物主神等7个名字，作为姻缘之神、农耕神和造酒神受到广泛的崇拜。出云大社直到今天依旧采用古法酿造敬神的御神酒。接下来，我将介绍神社如何使用每年收获的新稻米，于11月23日举行新尝祭的过程。

新尝祭用酒

在新尝祭也就是收获祭上用的供酒，杵筑大社（出云大社的旧名）关于"御供仪式"和"古传新尝祭祭式"的文献中有"配有宫司御饭及醴酒的御膳"的记载，介绍是醴酒。它的酿造工序十分简单，是在节日前两天将新造的米曲放到容器里，混入同等分量的煮成粥一样的米，然后等待发酵即可。加工保持在15摄氏度的低温，这样在两天的时间里虽然能发酵，却几乎没有酒精，味道和现在的甜酒相似。

---

1   古代日本对列岛以外世界的一种幻想，通常被看作四季如春的仙境。

出云大社大殿

大国主神作为姻缘之神、农耕神和造酒神，自古以来受到民间广泛的崇拜

这种酒如今只在新尝祭上使用。不过根据出云大社收藏的古文献记载，出云大社以前虽在各类仪式上使用的都是醴酒，但也偶有酿造"玄酒"供奉。至于"玄酒"是什么样的酒，目前已无从得知，或许是用玄米（糙米）加工酿造的酒。

出云大社除了新尝祭要用酒，在其他很多仪式比如5月14日的例大祭[1]上也要用酒，此外还要每天向很多神龛进献御神酒，所以每天都要准备一升的神酒。因此，出云大社每年会在2

1　每年在固定日期举行的例行祭典。

月的最后一天以古法酿造这些仪式上使用的酒，相关工序都是由祭仪课[1]所负责的仪式的一部分。

　　大社中造酒的地方被称为"御供所"。祭祀仪式开始，首先要从神社前殿西侧的御馔井取御水。当天早上，要先向御馔井供奉供品食物，由宫司[2]在井前献上祝词，然后伴着巫女们的奏乐声和歌声跳起神舞（百番舞）献给神。在这个仪式之后才从井中打水，作为制作神馔的洗米水和加工水。

　　此外，蒸米饭需要炊火，取神火也有相应的仪式。将火燧杵（溲疏属植物制）在火燧臼（桧木制）中大力摩擦，以这种日本最古老的生火法取得的纯净火源做炊火。根据近期相关仪式的实例，需要准备159公斤的蒸米，57公斤的米曲，259升的清水，分初添和留添两次添加，在发酵20天后，可以酿出38升酒精度数达18.5%、日本酒度数为（+）5度的辛口酒[3]。

　　根据现在的《酒税法》，只要酒精度数达到1%就要缴税。所以不时就会有人问"出云大社诸神喝的酒免税吗"，事实上这

1　日本神社中负责筹备宗教活动事务的部门。

2　日本神社的高级神职人员。

3　即酒精含量较高的酒。关于日本酒度的表示方法可参考本书第八章相关内容。

些酒和我们普通人喝的酒一样都得交税。我们凡人能从神那里收税，真是令人愉快呀。

二　风土记与万叶之酒

宴会用酒和禁酒令

书写到此，我们谈及的酒，都是为了将神与人关联起来，带有"为神而准备"的浓厚色彩。不过，当朝廷决定在宁乐[1]建都，城市开始出现时，已是 130 年后。官吏们出入宫中，寺院逐渐增多，僧侣们到处忙活，农民们自给自足的生活也充裕起来。历史从飞鸟时代来到奈良时代，酒正逐步朝着"为人而准备"的方向迈进。

飞鸟时代的人们在各类风物志中记录了很多有关酒与人的故事，万叶时代的人[2]也在《万叶集》中留下了描写当时的生活和酒的诗词。从这些文献来看，当时的人们会有很多机会与场合坐下来杯盏交错地喝着"宴会之酒"。这时的政治背景是古代天

1　奈良的古称。

2　通常指奈良时代以前的人。

皇制国家已初步建立，天皇会在宫中大宴群臣，以寻求贵族官吏们的支持。

根据很多留传下来的文献，朝廷会通过频繁地举办各类有酒的宴会，来加强统治阶级与官吏群体的关系，并在宴会之后大力赏赐。天平二年（730）正月十六日的宫中宴会上，现场发放了"短籍"（福签），分别写着"信""智""礼""义""仁"五个字。抽中"信"的人可获得一反（约12米）上等的麻布，抽中"智"的人可获得普通的布匹，抽中"礼"的人可获得木棉布匹，抽中"义"的人可获得绢布布匹，抽中"仁"的人可获得粗布布匹（《续日本纪》）。

在当时，平民百姓喝酒摆宴多是在神社活动或祭神仪式上，几乎没有人会独自饮酒。大家汇聚一堂杯盏交错，在这种情况下，酒是具有社交属性的道具，酒也由此在"连接神与人"之外又有了"连接人与人"的属性，并且越来越强烈。

酒因此成了群体性的饮料，特别是在以农民为主体的平民阶层存在感极强。他们不仅趁着宗教祭典喝，还将这一习惯扩散到与农耕相关的重要节点（播种与收割）、婚丧嫁娶以及共同劳作的答谢宴上。偶尔官府会意想不到地赐下酒来，被赏赐的人会呼朋唤友一起开心享用。《万叶集》中就有"有官家容许；饮酒岂止今夜，切勿，散歇"[1]的记录。这首诗歌正是呼应"右，酒者，官禁制称，京中间中不得集宴，但亲亲一二饮乐听许者，缘此和人做此句焉"这句注解。既然都发布禁酒令了，可见酒在百姓之间多受欢迎。

这里我们稍微了解一下禁酒令。日本最早发布禁酒令以及酒业限制法规是在大化二年（646）三月甲申（二十二日）的《薄葬之诏》[《日本书纪》（卷第二十五·孝德天皇）] 中，颁发的背景是"当农作月、早务营田、不合使吃美物与酒"。不过，虽说是禁酒令，但实行起来并非说一不二地严格执行，老百姓喝起来官府也是睁一只眼闭一只眼。

这之后的天平四年（732）、天平九年（737）、天平十八年（746）、天平胜宝元年（749）、天平宝字二年（758）、延历九年（790）、大同元年（806）及昌泰三年（900），朝廷继续多次颁布禁酒令，但都被老百姓当成耳旁风，酒在人情世故中的影响力越来越大。毕竟以农民为主体的平民百姓能堂堂正正地喝酒寻

---

1 《万叶集》，赵乐甡译，译林出版社，2002。

欢，也起到稳定维系以水稻种植为主的农业社会的作用。所以就算官府再怎么限制饮酒、颁布禁酒令，到了祭祀农神等大型活动后的答谢会这样冠冕堂皇可以喝酒的场合，也得开禁支持。

万叶的酿酒术

那么在飞鸟时代与奈良时代，人们是用什么方法酿酒的，酒又是什么类型和味道呢？事实上，当时的酿酒技术经过改良，已达到相当高的水准，但与今天的日本酒酿造法还是有着很大的差异。当时的酒味道之浓，是今天的酒无法比拟的。

首先在原料水的选用上，《播磨国风土记》中是"酒之泉"，《丰后国风土记》中是"酒水"，《常陆国风土记》中是"新井"，可见人们会专门去获取酿酒用水，这意味着当时的人们已经意识到了酿酒用水的重要性并多处寻访。我们对众多风土记类文献中记录优质井水的用字进行了统计，以当时的标准，这类水应该"清、净、冷、冰、寒"，意味着"清澈、透亮、寒冷"的水最适合酿酒，与今日日本酒的加工要求一致。

原料的选择方面，《尾张国正税账》（天平六年）虽然记录用的是红米，但主要还是用的粳米和糯米。先用竖臼和臼杵捣米去壳（精米步合可能在95%左右），再用簸箕筛成精米。

具体的酿造方法是，先用水浸泡米，过水后上锅蒸，然后运到发酵屋撒上种曲制造米曲。种曲是上次酿酒使用的酒曲的一部分，让种曲的孢子在新的原料上着生繁殖，成为"友种"或"友曲"。等造好后，将水、米曲、蒸饭（有时会用煮饭）都放到酒坛里，直接发酵酿出酒，这就是"一段酒"。这种酒的水分含量低，蒸米和米曲的比例大，所以酿出来的酒味道非常香甜浓厚。有时还会用酒来代替水反复发酵加工，酿出来的酒比今天的味淋[1]味道还要重。

根据很多风土记文献记载，这种加工法在当时是基本方法，用料配比（水、米曲、蒸米的比例）和做法会根据酿造目的和种类有所变化。像今天这样分初添、仲添、留添的多段式酿造法是从中世[2]的寺庙酿造"诸白"开始的（详情请见第三章）。在当时，一段式酿酒可在10天这个短时间内直接酿出可饮用的酒，特点是酒精度数低，味道特别甜（因为在原料配比上米曲和蒸米的用量相对大，水相对少）。

---

1 日本料理常用的调味酒，以甜糯米和米曲酿造，主要用于去腥。
2 日本历史分期之一，约为12世纪初至16世纪中后期。

酿酒用的容器，大多来自 5~8 世纪在阪南窑址群[1] 烧制的大型须惠器，在当时叫作"甕"或"瓺"。今天可以在奈良县天理市石上神宫见到这种古物，它高和宽都能达到 1 米，容量达100~300 升，这么大的容器正适合酒的大量生产与存储。

酒粕与上清液

《万叶集》中大伴旅人[2]曾作诗云：

> 贵虽宝珠，其价难数；怎能抵挡，浊酒一壶。[3]

诗中提到的浊酒，恐怕就是用布或者笮篱简单过滤的白色混浊的酒。同是《万叶集》中著名作品的山上忆良的《贫穷问答歌》，关于酒的部分是这样的：

> 风雨交加夜，冷雨夹雪天。

1 日本大阪府南部的日本最大规模的须惠器生产遗址。
2 奈良时代的贵族，诗人。
3 《万叶集》，赵乐甡译，译林出版社，2002。

瑟瑟冬日晚，怎奈此夕寒。

粗盐权佐酒，糟醅聊取暖。

鼻塞频作响，俯首咳连连。[1]

这里就有提到"糟醅"。

这种酒是用热水溶解以布或笊篱过滤后留下的浊酒酒粕（糟）制成，是只有少量酒精和轻微香气的替代型饮料。用这种替代型饮料就着盐喝，听上去相当落魄无奈。看来以盐佐酒是日本自古以来的习俗了，在弘法大师[2]的《御遗告》中也写着"夫以酒，是治病珍，风除之宝矣……治病之人许盐酒"，允许和尚及信徒在生病的时候喝"盐酒"。即使到了今天，依旧有人乐在其中地延续江户时代留传下来的习惯——在酒枡的木沿上放盐来下酒。

在之后的很多时代中，都有与《万叶集》中"糟醅"相似的喝法。江户时代有俳句云：

1　《日本文学史话》，刘振瀛编著，商务印书馆，1995。

2　即空海（774~835），日本著名僧人，真言宗开山祖师。《御遗告》是在835年他圆寂前6天留给弟子们的25条遗言。

　　家贫有贤妻，糟袋洗净水留取，归家亦可饮。

　　著名酒乡伊丹地区[1]的俳句诗人鬼贯[2]用这首诗为我们描绘了江户时代在制酒业兴旺的季节里，酒屋的酒糟袋榨干净后过水洗净，住在附近的媳妇们纷纷把这些涮洗水拿回家给丈夫享用的情景。这种风景现在已经看不到了，不过在第二次世界大战刚结束的那段时间里，还是有不少人会从酒屋买酒糟，然后用热水冲来喝。这种古老的习惯能够从奈良时代一直延续到近年，皆因历朝历代的民众能用朴素的智慧乐观面对生活。

　　与这种浊酒相对的，是清澈无浊物的上好清酒。从飞鸟板盖宫遗址出土的木简写有"须弥酒"，《播磨国风土记》记录有"清酒"，都是用细网眼的绢布筛滤浊酒后，搁置几天沉淀出来的上部很清澈的酒。这种酒最受高官显贵的欢迎，也可见在当时这种清澈的酒已经很常见了。由此我们可以否定江户时代的

1　今兵库县伊丹市。

2　上岛鬼贯（1661~1738），江户时代中期俳人，出身伊丹的酒业世家，作品中常出现当地的风土人情。

《摄阳落穗集》《嘻游笑览》《北峰杂集》这些书里通过"鸿池[1]逸话"所宣扬的"澄酒（清酒）发明起源说"了。

逸话的内容是，想当初庆长年间，浪花[2]的鸿池门下的酒屋里，有一个伙计和东家闹矛盾，赌气往还没过滤的酒桶里撒了很多草木灰，没想到得到了非常清澈的酒。酒到了江户地区后更是大获好评，给东家赚来了大笔的财富。这就是到了今天也很出名的澄酒或清酒起源说。不过前文我们已经论述过了，飞鸟时代、奈良时代已经存在过滤沉淀后得到的清酒，鸿池逸话就当是后世人们虚构的趣闻好了。

三　《延喜式》与朝廷的酒

从桓武天皇迁都平安京到镰仓幕府成立之前是历史上的平安时代，也是奈良文化逐渐发展成熟后，以京都的朝廷为中心，各类文化开花结果的400年。旨在追求优美情趣的"物哀"思

1　江户时代与三井并列的豪商巨贾。当时的人们认为是17世纪初鸿池新右卫门对浊酒进行改良，才有了今天质地清澈的日本清酒。

2　江户时代的人们对极速扩张的大阪地区的别称。作者在这里故意用浪花，暗含一种"演义故事"的轻微幽默讽刺。

潮推动了贵族文学的产生，相继出现了《土佐日记》《枕草子》《今昔物语》《源氏物语》《伊势物语》等流传后世的经典文学著作，也标志着"文言文化"在这一时期达到最高峰。除了文学著作以外，这个时期还给后世留下了很多关于当时生活和宫廷规矩的记录，其中有代表性的就是《延喜式》和《令集解》。

在《延喜式》第40卷《造酒司》中提到，当时负责酿酒的机构归宫内厅管辖。造酒正以下设辅佑1人、令史1人、酒部60人、使部12人、直丁1人，共76名官吏。他们工作的内容是"酿造酒、醴和醋"，虽然除酿酒外也酿醋，但重点工作还是前者。这一卷内容介绍了15种酒的酿造方法，并详细记述了酿酒的时间、工具、原料米的用量以及年酿造总量等，是了解当时酒类的重要文献。

《令集解》的创作时期与《延喜式》相同，是平安初期（"延喜"这一年号的时间为901~923年）。《令集解》由惟宗直本执笔，对大宝元年（701）颁布的《大宝律令》以及10年后的新律令（《养老律令》）进行注释，并加了很多学者的意见和解释。《令集解》是关于日本官制和封建社会礼教的集大成之作，也是了解当时朝廷酒文化的重要文献。

平城宫遗址出土的写有"醴大郎"的食器碎片
因为醴酒是非常甜美味道浓厚的酒，当时的
人用这种幽默的方式来表达对它的喜爱之情
(《日本生活文化史》)

多样化的造酒法

根据这两部古书，可以看出当时造酒工匠的工作大致是从每年 11 月新米收上来后开始，不过由于酒的种类很多，所以也有夏天开工的情况。造酒司每年造酒用米是 901 石[1] 9 斗，可得酒 624 石。以日本升瓶换算的话就是 62400 瓶，约合今天的 112000 升，对于一个酒窖而言这可是相当大的数量了。

造酒用的原料米来自日本各地，一般是直接收上来的实物税"庸租米"。制造"御酒"和"醴酒"这些特别上等的酒时，

1　日本的 1 石约合 180 升。

用的则是从京都附近的正税田和省营田[1]收上来的稻米。当时需要酿造的酒种类非常多，主要分为"御酒糟""杂给酒""新尝会白黑两种料""释奠料"这四大类别。"御酒糟"包括"御酒""御井酒""醴酒""三种糟""擣糟"这五种；"杂给酒"包括"顿酒""熟酒""汁糟""粉酒"四种；新尝会用的酒是"白贵"和"黑贵"；"释奠料"则是"醴齐"和"醯齐"两种，共计要酿造13种酒。与今天的日本酒包括本酿造酒、纯米酒和吟酿酒在内仅有六七种相比，不得不对当时的人们为了不同目的酿造出如此多品种的酒惊叹不已，这才是多样化的时代。

上等酒和普通酒

"御酒糟"包含各类上等美酒，其中有专门为天皇和节庆准备的"御酒"，每年制造121石（换成日本升瓶的话是12100瓶）。具体的制造方法是将100合[2]蒸米、400合糵（米曲）与900合水一同倒入容器中，发酵10天后用竹编筒（编制细密的桶状或

1　由宫内省经营的专为皇族种粮食的田。
2　合为一日本升的十分之一，约合0.18升。

日式酒壶状的工具，与捕鱼竹篓相似）简单过滤，再用过滤好的酒代替清水，加入米芽和蒸米后第二次发酵，然后再次过滤。同一批酒水如此重复4次（一次10天的话整个周期就是40天）后，用熟练的工艺以上等细麻布过滤，即可得到"御酒"。这种酒与本书第一章提到的"八盐折之酒"有相似之处，是继承了神圣的古酒酿造法的传统美酒。

我的研究室里曾尝试酿造这种酒，制成后测得数据为酒精度数3%、酸度7毫升、氨基酸含量9毫升、含糖量34%，可以说是甜到齁、酸度也高但酒精含量低的一种酒了。当今的日本酒平均数值为酒精度数15%、酸度2毫升、氨基酸含量1.5毫升、

《紫式部日记绘卷》（部分）
平安时代的贵族喝酒的方式和我们
今天一样，都是互斟对饮。（五岛美
术馆藏）

含糖量 4%，由此可见当时的酒何等浓厚。这种酒的色调还是非常漂亮澄澈的琥珀色，让人对 1000 年前神秘的世界浮想联翩。

"御井酒"是"起七月下旬酿造，八月一日始供"，这是在农历八月初秋季节酿造的酒。用蒸米 1000 合、芽米（米曲）400 合、水 600 合酿制，与前面提到的御酒相比，水的用量少了很多，所以酒的味道也更甜更浓稠，在宫廷中很受欢迎。

"醴酒"是用蒸米 400 合、蘗 200 合、酒 300 合酿造出来的酒，不仅用酒来替代水，而且蘗（也就是米曲）的用量也相对高，所以酿出的是超级浓稠还特别甜的酒，因此才被称为"醴酒"。比起通过酵母发酵获得酒精来，这种酒的关键是米曲酶引发的糖化反应。如古人所说"一天酿成，六月一日开始饮用，七月三十日前喝完"。正是适合夏天的酒。

有记录显示，主水司管辖的冰窖会送来冰，宫廷里面的人会喝加了冰的"水酒"，这里使用的酒恐怕就是"醴酒"。在当时，以《源氏物语》为代表的唯美文学层出不穷，和这种酒不无关系。一想到平安时代的贵族们在三伏天享受着"酒里加冰"的清凉解暑的好时光，就不由得感慨他们的生活是何等浪漫了。

　　"三种糟"则是"预先酿造，供正月三节[1]"，可见是农历正月喝的酒。酿造方法也相当讲究，要使用粳米的糵、糯米和精粱米[2]三种原料。加工时会用酒代替水以增加甜度，而且为了甜度能更上一层楼，还会把糵加上小麦麦芽一起用，真是让人惊叹。

　　这种做法证明麦芽糖化方法已经从亚洲大陆传入日本了，"三种糟"作为日本酒历史上唯一使用麦芽作为糖化剂的案例意义重大。日本人能用麦芽的糖化酶来分解稻米淀粉，显示出当时的造酒技术不仅已进步到可与亚洲大陆的技术对接的程度，还能够大胆地将外来技术巧妙地融合到自己的文化中。这其中的融合与吸收也正是日本文化特有的一种性格。

　　"擣糟"的"擣"有"捣、捶"的意思，这种酒需要在发酵结束时用臼捣一捣后再过滤，主要用于各类节庆宴会。

　　"杂给酒"可看作普通级别的酒，它与给天皇和高级宫廷成员喝的上等酒相对，是专门给下层宫廷成员的酒（当时俸禄的一部分是以酒这种实物支付的）。"顿酒"是让原酒温度保持略偏高，在很短时间内就完成发酵与成熟的酒；"熟酒"也是在

1　正月初一、初七、十六，日本的宫廷都会举办有天皇出席的宴会。
2　黏性比较弱的粟。

很短时间内让酒精充分发酵的酒，在当时都属于酒精度数很高（酒精度数 10%~12%）的辛口酒。

"汁糟"（也叫"捣糟"）是提供给专门为天皇和高级宫廷成员做饭的御厨子所和内膳司的酒。"粉酒"是将白米粉碎后加工制成的酒，这样做能减少糖化与发酵过程中的浪费，提高原料利用率。

灰土使用法与白贵和黑贵

《延喜式》中详尽记载了由民部省负责的新尝会上酒类的情况。新尝会是将当年收上来的新米做成白贵和黑贵两种酒来答谢天神的仪式，今日它变成了庆祝丰收的新尝祭。"贵"是酒的古称，在《万叶集》的《新尝会丰歌》（卷十九）中提到"天长地久，敬献不休；为君王酿，黑酒复白酒"[1]，可见从更古老的时代开始，新尝会就使用这两种酒了。

根据《延喜式》记载，仪式首先要配置"酒殿一座、臼殿一座、麹室一座"。酒殿用来摆放酿酒用的酒坛，臼殿类似今天

---

1 《万叶集》，赵乐甡译，译林出版社，2002。

的米坊，配置 4 名春稻仕女[1]负责加工原料米，仕女捣米是从飞鸟、奈良时代一直延续下来的传统。

麹室里造出的酒曲，是撒了米曲霉菌孢子的蒸米，但现在还无法得知当时用的种曲来源是什么。我个人推测，是保留了上一批的米曲，等它生出更多的孢子后，再作为下次的种曲使用。这样的酒曲制作法被称为"友曲法"或"友种法"，直到昭和初期，地方上还有酒屋使用这种方法。《令集解》中还不时出现"麹子米"这个名词，到今天我们都无从得知它到底是什么，有没有可能会是一种友曲或是作为种曲来使用的米呢？

关于白贵和黑贵的酿造用料比例，《延喜式》中《造酒司》记载："以二斗八升六合为糵，七斗一升四合为饭，加水五斗，等分为八瓮。瓮可得酒一斗七升八合五勺。熟后一瓮混加久佐木[2]灰三升，是称黑贵。其一瓮不加，是称白贵。"

酒大约 10 天酿成，过滤后等几天，待酒成熟后，用粗绢布加三升的久佐木灰滤筛出一斗八升的黑贵酒，然后将"黑酒"和"白酒"一同供奉到神龛前。

1　这里专指为宫廷工作的女性。
2　八角梧桐，臭桐。广泛分布于亚洲大陆东部及日本。

这种酒在用料上，水的比例相对米曲和米饭来说非常低，所以生成的酒量也少，可以想象这种酒的味道是何等醇厚与香甜。

它们的区别在于加入灰就是黑贵，不加就是白贵。无论是久佐木灰还是草木灰，都是草木燃烧后留下的灰烬，利用这种灰造酒的方法还真是非常罕见。虽然很难弄清楚这种酒出现的缘由，但大多数观点认为加灰可以中和酒的酸味以使口感更好。那么又有了新问题，为什么只有新尝会上要用加了灰的酒呢？谜团真是一个接一个呀。

"释奠料"是大学寮[1]在春（农历二月）秋（农历八月）两次祭祀孔子及其弟子的"释奠仪式"上所用的酒，分别为"醴齐"和"醯齐"。前者用白米一斗八升、蘖九升和澄酒五升来酿造；后者用糙米一斗三升、蘖六升和澄酒五升酿造。"醴齐"要过滤得到清澄酒液，"醯齐"则保持混浊的状态。届时在祭坛上供奉蔬菜，参与者用中国的酒爵互斟醴齐和醯齐，完成仪式。

1　日本古时的官吏培训机构，一般用于培养基层官吏。

《延喜式》中除了有以上这些酒外，还有仅提到名字的"斋酒"。这种酒在日本的食品加工史上很值得关注，所以我稍微介绍一下。"斋酒"是混合了酱油和醋的调料酒，一般用于传统菜肴和炖煮菜中。造酒司每个月都要给内膳司供应这种酒，它的配方有个明显的特点，就是蘖的使用量比其他酒要更多，并且为了让酒味道更甜，发酵的天数更多，这一点和今天的味淋比较像。在今天，酒已经成为日本料理不可或缺的调味品，其实早在古代它就已是制造日本料理"隐藏味道"的帮手，从食品加工学的角度来看，意义相当深远。

根据记载，杂给酒分类中的"汁糟"正是供给内膳司和御厨子所的。仿佛能想象那些厨师们根据不同菜肴需要熟练地单独用酒，或与味淋一起调出"隐藏味道"的认真模样。

高水准的造酒技术

通过《延喜式》记载的酿酒设施和工具，我们会发现在平安时代，造酒技术已经达到了一个相当高的水准。这些工具包括木臼、杵、筛子、蒸锅、酒坛、酒坛木盖、桶（水桶、小桶）、水盆、大筛子、浅水缸、绢布筛、薄绝[1]筛、罐、灶。在这些道具的说明中，有"糟垂袋三百廿条……"这样一句记载。

　　糟垂袋就是今天的酒糟袋，顾名思义，就是将未过滤的白浊的原酒装入其中，通过自然重力压榨，分离酒粕和清酒的装置。可见当时已经有一部分酒是通过借助重力来过滤的，这或许是今日日本酒压榨法的起点。我们可以想象当时多半是用巨石或木头来压榨，问题在于这种压榨法具体要压到什么程度。像"御酒"那样特别高级的酒可能是将袋子吊起来自然滴淌，而"杂给酒"可能就是大力压榨了。总而言之，光是看这些文字，就知道平安时代的造酒技术已经毫无疑问地向着高水准不断创新前进了。

解开浓醇酒之谜

　　目前为止我们所讲述的飞鸟时代、奈良时代与平安时代酒类的最大特点，就是它们都是味道甘甜口感浓稠的浓醇酒，与当今的日本酒无论是味道还是形态都有很大差异。这些酒大部

1　一种织线比较粗的绢布。

分酒精含量不到 5%，甚至还有不到 1% 的。更加让人不解的是，当时的水稻收成几乎做不到"年年有余"，粮食是非常宝贵的资源，但是酒化率（出酒量占酿酒所用原料的比例，数字越小说明材料浪费越大，出酒量小，酒粕太多）却低得惊人。

虽说达官显贵们喜欢口感醇厚的酒，但是我们却不知道当时的人们在造酒时比起液体发酵更愿意选择固体发酵的原因。如果想提升酒精含量，溶解米饭减少酒粕的产生，只要提升用水量稀释原酒，再促进酵母发酵就可以了，但是古人却偏偏不这么干。想解开这个谜团，就要考虑当时酒类的具体用途，以及相关的饮食生活。结合这些背景，我有了以下推论。

首先，在当时"液体酒"和"固态酒（粕）"两者都属于酒。虽说如今的《酒税法》没有将酒粕视为酒类，但在当时，酒粕即是从米中产出的酒，是能轻松获取的佳酿。所以在酿造品种繁多的各类酒水时，就有了"糟"这么一个分类。既然酒粕（糟）也算酒，出酒率多少就没那么要紧了，过滤出来的清澄酒液可以喝，剩下的酒粕也可以直接吃或者稍加烹饪享用，比如加热水溶解后变成甜酒。

这样根据不同角度，就有了"可以喝的酒"和"可以吃的酒"。在当时，酒也因饮用者的官位和职务不同有不同等级，口感浓厚的酒与液态酒自然提供给高等级者，酒糟为主体的固态酒肯定提供给下层。等级社会也是这两种酒能并存的一个理由吧。

浓醇酒存在的第二个理由，是造酒从开始到酿成可以喝之前，如果中途坏掉了也是一笔损失，做成浓醇酒可能也是保险的对策之一。当时酒的糖浓度都在20%，甚至有时候能达到30%，浓醇酒可以让使酒变质的微生物即便出现，也会因为浓糖压迫而难以繁殖（一般的微生物在高渗环境下都会活力减弱，就算能在包含高浓度的盐或糖的环境下繁殖，但因为包围菌体的细胞膜是半透膜，浓度比糖水低的细胞液会通过细胞膜外流，导致微生物死亡）。

我的研究室里曾经尝试酿制"御酒"（含糖量34%），就算加入了产膜酵母和乳酸菌，酒也没有直接发生变质，而且保质时间还很长。古人虽然没有微生物的相关知识，不懂这里面的科学道理，却也因为善于观察，不放过任何细微的变化，最终通过经验获得了能流传后世的技术。

浓醇酒存在的第三个理由，或许就是在日常生活中，酒也可以作为糖的原料（甜味剂）来使用。在当时的日本，甜味剂都是蜂蜜以及亚洲大陆传过来的麦芽糖，是独属特权阶层的高级食品，平民百姓只能从自然界采集绞股蓝、甘草、熟柿子和干柿子这些甜的植物来获取糖分，而两个阶层能共享的甜味剂只有甜酒。米曲能造出甜酒，用布过滤煮开就成了水饴，是当时非常贵重的甜味剂。

不过，浓醇酒的酒粕（糟）与稠厚的甜酒相似，它的鲜味成分中包含丰富的氨基酸，加上热水（抽出成分）过滤煮开，就成了鲜味很足的甜味调味品了。用浓醇酒做菜当然可以让菜味道变甜，但更重要的是，酒和酒粕包含的糖分不仅让菜能变甜，还会因为增加"隐藏味道"而让菜肴更加美味。前面我们提到，《延喜式》中记载了做菜用的"汁糟""斋酒"，这些酒在当时不仅可以喝，还可以为菜肴增加甜味和鲜味。由此从酿造学以及食品加工学的角度来看，各种关于酿造浓醇酒的谜团或许就能迎刃而解了。

第三章　日本酒的成长与成熟

"诸白"的招牌

当酒屋的屋檐下出现"诸白"这两个字时，日本酒也越来越接近它如今的味道了

（冈山县津山市苅田酒造 energy）

一　僧人的酒，酒屋的酒

时间从平安时代末期来到镰仓时代。此时以城市和港口为中心，各地经济往来，贸易运输蓬勃发展，商业区生机盎然。此时的酒已不再像以前那样仅围绕着宫廷活动出现，且只能在必要的时节制造和饮用。上等好酒也不再被官府把持着，老百姓已经开始在天皇的眼皮底下偷摸酿酒了。他们不仅自己闷头喝，还会跑到街市上把酒当作商品求购。

这种情况不断出现，必然导致原本由朝廷垄断的酿酒技术流向民间，其中权力与朝廷不相上下的神社或寺院开始担起日本酒发展、制造的重要职责。当武士取代贵族走上历史舞台并大权在握之后，朝廷的酿酒机构被废除，武士政权或神社寺院这些特权阶层指定专门的机构造酒，赋予他们特权并对其进行保护。作为代价，这些机构要用实物或金钱来缴税（也叫"酒役"），这套体系由此制度化。酿酒业就这样从律令时代[1]类似政府直属下级官吏的杂工户[2]群体的手中，转移到武士政权、神社寺院特权者认证的"酒屋"商人与专门的神人[3]组成的"座"的手上，甚至寺院的僧侣都掌管起酿酒及销售的工作。

这是一个武士集团因争权夺利而冲突不断，日本酒从业者们却不断精进的时代。从业者们开发出划时代的革新技术，创造了今日日本酒的雏形。这个时期围绕着酿酒业与"麹座"的权力，也不断上演着骨肉相残的戏码，这也成为日本中世历史中不可欠缺的话题。

美酒"天野酒"

治承四年（1180），源赖朝入主日本东部的镰仓地区，并在建久三年（1192）当上征夷大将军，开启了镰仓幕府时代。镰仓时代初期末尾，也就是天福二年（1233），河内国与和泉

1　古代日本律令制国家时期，从7世纪后期大化改新持续至10世纪。

2　律令制度下，兵部省造兵司和大藏省典铸司专属的世袭制下级工匠。早期多为从朝鲜半岛和中国来的移民，负责官府的冶金、锻造等工作，如制作武具武器等。

3　在神社工作的下级神职人员，负责杂役和日常安保。

国[1]交界处的河内长野[2]古刹——天台宗的天野山金刚寺开始酿酒。

这座寺院留存的古文献《金刚寺文书》（拾一）中有"御酒者二瓶子""浊酒者四瓶子""清酒者一瓶子"的记载，由这些关键文字可以得知当时的寺院已经有能力轻易酿造出大量的酒了。寺院用山号将自家的酒命名为"天野酒"，但直到200年之后的《看闻御记》以及同时期的《御酒之日记》中，才记载了这种酒的酿造方法。

从室町时代到战国时代，"天野酒"都以"无与伦比""甘醇难以言表"被世间大力赞赏，是世人眼中的好酒。寺院酒就这样用了200年才走到寺院之外，成为市面上的流通商品。从寺院的社会地位和它作为宣扬宗教之圣地的角度来看，做酒生意有些出乎意料，但所酿造的寺院酒的确为后来酿酒技术的进步发挥了划时代的作用。

寺院本应是戒律严格之地，不应该允许酿酒及公开饮酒，但事实并非如此。弘长三年（1263），当时的太政官给奈良的兴

---

1 大阪府东南部与西南部的旧称。

2 大阪府东南部地名，在奈良时代是外来移民的居住地。

福寺发去警告信《大乘院文书》，指出"酒会扰人心智，放纵无度，乃万恶之本"。要求僧人们不得在寺院内饮酒作乐。南北朝时代的正平十年（1355），出云国的名刹鳄渊寺也收到了禁止他们造酒并销售的文件《鳄渊寺文书》。

如此屡屡禁止寺院内造酒、贩酒和饮酒，难不成是因为佛教是大家眼中的清净之所，应该严格管理？实际上，喜欢喝酒的名僧、高僧数不胜数，就连倡导"立正安国"[1]的日莲大师[2]，也会写信感谢赠他美酒的信徒，赞美那浓稠醇厚甘甜的滋味"油一般珍贵"。那么，在遵守清规戒律的寺院里为什么能造出这样的酒呢？

要戒律还是要经营

关于寺院造酒的最早的文字记载，是弘仁年间（810~824）奈良药师寺的僧人景戒在《日本灵异记》（中卷第三十二）中所写的"为寺院生利者酒矣"，这就是在告诉大家"寺院想赚

1　1260 年日莲宗向镰仓幕府当权者北条时赖提出的国策。"立正"为人人都信奉正法，以佛教的生命观为社会准则，由此"安国"，实现社会的繁荣稳定。

2　日莲宗的开山师祖。

取利润就要好好利用酒这个工具"。不过就算翻遍当时的佛教典籍，你也不可能找到与寺院造酒起源有关的内容。要想找到相关信息，还得等到10~11世纪时，才有明确记载这些线索的文献。

部分相关文件记载了在当时兴起的融合本地神与佛教神的"本地垂迹"运动中，寺院为内部的镇守神社[1]制造御神酒的内容。代表性的有奈良东大寺的《东大寺要录》，京都醍醐寺的《醍醐寺杂事记》，其中都提到在寺内的一角设有名为"酒屋"的宫殿，专门负责制造献给神社的神酒。

原本将佛教与神道信仰融合起来的动机，就是让信徒理解，菩萨作为本地佛是为了度化众生，才会亲自下凡（垂迹）变成日本本土的神（本地垂迹）。日本原本是拥有神道信仰的国家，从10世纪开始，人们相信日本本土神也是佛教神的另一种形态。到了11世纪，就出现了伊势大神宫[2]所供奉之神等同大日如来，八幡神社[3]之神等同阿弥陀佛的认知，将各地的神社与佛教诸神

1　佛教寺院内附属的神社，多供奉当地的神。

2　供奉的是天照大神，也就是太阳神。

3　供奉的是八幡神，前身是农业神，后被日本佛教尊为护国、护寺的神。在平安时代末期被源氏视为家族守护神，从此作为战神在武士群体中很受欢迎。

都关联上，祭祀活动也随之产生。

如此一来，神道信仰中的神与佛教神在中世就没有了明确的区别，你中有我我中有你巧妙发展。一直对神社能自行酿酒非常眼馋的寺院，此时也水到渠成地开始了自己的酿酒事业。所以，就算是再严格遵守戒律的寺院，也在不知不觉间理直气壮地开始借着筹办宗教活动的名头酿酒，和尚喝酒也成了半公开的事实。

寺院经营酒业并迅速发展壮大的最大理由，居然是为了确保财政收入。在镰仓时代，也就是 11~12 世纪，正是庄园制度下寺院庄园蓬勃发展的时代，佃户上缴的米粮和年租是寺院经营的中心与主要财源。根据当时国家与地方政府的《大田文》（土地账本）记载，在寺院庄园的全盛期，淡路国 [1] 总田地面积的 63% 都是寺院领地，京都附近 80%~90% 的农田都属于寺院和神社。这样每年庄园上缴的年租就成了寺院和神社最大的收入来源，其中的一部分米也就能拿来酿酒，原料米也因此非常充足。

1　今兵库县淡路岛。

但是到了 14 世纪，随着乡村制[1]的成立以及各地民众起义活动频发，加上货币流通让整个社会发生了变化，寺院的财政出现了很大的困难。在这样的危机之中，僧侣酒就成了寺院确保财路畅通的王牌，获得了寺院的全力支持。一边是严禁饮酒的清规戒律，一边是制造和销售酒的经济对策，只能说饿着肚子肯定是顾不上那么多了。

所幸在当时，市面上对酒的需求量非常大。建长四年（1253），镰仓幕府下令禁止民间私自酿酒及买卖，并命令打碎镰仓全城的酒壶，总数竟达 37274 壶。如果从另一个角度看这个"沽酒禁制"（酿造、买卖酒的禁令），它是武士社会发展成熟后，武士与市民作为消费酒的新阶层正在壮大的证明，酒从以往的自产自销迈向了生产销售的新阶段。换言之，寺院阶层看准了酒的商品属性已成熟，需要正规化生产的社会背景，巧妙地利用这一点确保了自己的财政收入。由此日本的酒业就在中世这个时期以寺院为中心发展起来，并为以后酿酒技术的飞跃式进步提供了最大的原动力。

1　室町时代以村落自治组织为中心形成的乡村互助管理模式，小农经济借助这种模式得以发展，动摇了庄园制度及相关特权阶层存在的基础，其对乡村的影响力一直持续到江户时代。

说到寺院，大家想到的都是殿堂房舍等宏伟的建筑，是数十、数百，甚至数千僧侣和普通人生活的地方。这样的机构开销巨大，因此非常需要酿出众人交口称赞的好酒来赚取巨大的利润。那些有造酒能力的寺院，唯恐自家产品在品质上落于人后，为了更好地竞争而花心思深入研究并积极创新，其中就有寺院为了造出口感更好、更容易醉的酒而颠覆以往的配方和加工方式，开发出独特的酿造方法。

虽然上缴的米在减少，但各地寺院庄园还是能收到上乘的好米，保证了酿酒原料的品质。加上寺院一般都坐落在远离喧嚣的偏僻清寒之地，正是酿酒求之不得的好环境，深山中清澈寒冷的水源更是锦上添花，有了这些有利条件不出好酒都难。很快，在寺院的主导下，日本酒的味道、品质都发生了巨大的变化。与今天的日本酒很接近的"诸白"，就是在这样的背景下诞生的。

量产看酒屋，品质看僧家

为了与寺院、神社的酒分庭抗礼，拥有幕府授权的酒作坊"酒屋"出现了。从南北朝到室町时代初期，京都和奈良人口聚居的地方出现了专业的酒屋。随后，酒屋在各地如雨后春笋般纷纷建起，近江坂本[1]和西宫[2]都有专门酿酒的酒屋。室町时代中期到后期，京都内外的酒屋已达到342家。

"僧侣酒"主要面向贵族、武士和僧侣这些上层阶级，相对的，"酒屋酒"就是市面上卖给普罗大众喝的。京都先斗町和河原町如今小饭馆和酒吧林立，请想象一下，这里在当时全都是造酒的酒屋，整条街都是酒香气。

这些酒屋大多数只有几坪[3]大，在狭小的空间里一边酿造一边售卖。尽管如此，在销售数量上是足以压倒僧侣酒的，只是远不及僧侣酒醇香。以下我们就以僧侣酒为焦点，来了解一下当时的酒。

近代酿酒法的萌芽

《御酒之日记》《多闻院日记》都详细记载了"僧侣酒"的

---

1 位于京都比叡山东侧、琵琶湖西南岸的城镇，作为寺院神社的配套街区曾十分繁荣，于1571年被织田信长烧毁。

2 位于兵库县南部，大阪与神户之间的城市，以西宫神社而著称，是日本有名的"滩"清酒产地。

3 1坪约合3.306平方米。

卖酒女

叫卖着"美酒新酿成，任君随意选，上好杜康有，薄浊酒（用榨酒袋压榨后，不经过滤直接倒瓶的酒，略显混浊）亦有"。由于市面上经常有人卖酒，可见酒已正式作为商品开始流通（《七十一番职人歌合》，室町时代）

酿造方法。前者是文和四年（1355）或长享三年（1489）成书的文献，介绍了从南北朝到室町初期的酿酒制作情况；后者是奈良兴福寺的塔头[1]多闻院的僧人英俊[2]所著，内容涉及的时间从文明十年（1478）一直到元和四年（1618）。

《御酒之日记》记载了天野山金刚寺"天野酒"的酿造配方，里面提到僧人们放弃了以往的一段式加工法（将蒸米、米曲

1　大型寺院下属的小寺。
2　英俊（1518~1596），多闻院住持，其60余年的日记《多闻院日记》是研究日本中世至近世历史的重要史料。

和水同时倒入容器里发酵），改为分"初度""二度"两次加工，并详细记载了两次的原料配比。

"天野酒"的原料配比　　　　　　　（单位：合）

	元	初度	二度	总计
蒸米	100	100	300	500
米曲	60	60	60	180
水	100	100	300?	500?

　　用这样的方法可以方便调节原酒原料的温度，也让酵母得以从浓糖压迫的环境下解放并增殖，加速发酵出酒精。而且比起以往的蒸米、米曲、水比例，水的使用量也大大增加了（二度时的用水量缺少记载，估计与蒸米量相同），这一点也与今日的日本酒相近。

　　值得注意的是，在按配方进行原酒加工时，会加入提前准备好的"元"（或称"酒母"）。制造"元"，首先要浸泡、筛洗、蒸熟一斗的白米，然后将其与六升的米曲、一斗水放入"元瓶"中，瓶子用草席包裹保温。随着每天搅拌以及温度逐渐下降，甜味会渐渐消失（酵母大量增殖），变得酸和苦。

这和现今制造酒母的"酵母大量收集法"几乎一模一样，连制造方法都非常像，由此可见当时的酿酒技术之先进。可以推测，每次的"元"都是上次酿好的原酒（其中有大量的酵母）留下来的部分，所以在配方中用"元"来表示这一划时代的创意。

关于天野酒的配方，我们还有新的发现。在它之前的《《延喜式》酿造法"都是"酝式"（将发酵好的酒过滤后再用于酿造），而天野酒用的是革新性的新方法"酘式"（不过滤发酵后的酒，直接二次加入原料继续酿造）。它就是今日日本酒酿造法的原型——"诸白"酿造法的基础。

而且天野酒还是"冬日之酒"，是寒冷季节里酿出来的酒。以前日本人都是在夏天造酒，如今在冬天也能制造出香气浓郁纯正的优质美酒了。这一点也与今天的造酒时令相同，在当时是划时代的变革。

《御酒之日记》中提到的"菩提泉""南酒""男樽""山樽"等一系列的"奈良酒"，都是由如今奈良市菩提山町兴福寺大乘院的下属寺院——菩提山正历寺酿制的。《御酒之日记》中记载："酿造菩提泉，先用一部分白米蒸成御饭（米饭），冷却后放入笊篱，在水里浸泡。三天后取其上部的清澄液体放到其他桶里，御饭取出留置，再蒸剩下的白米。[1]夏季更要注意冷却。准备米曲五升，其中一升与等量米饭混合，剩余四升与之前的御饭混合，再加此前留存的清澄液体一斗，混入剩余的米饭中加工。用席子盖住容器口，搁置七天后出酒，不急的话十天风味更佳。"这种速成法相当复杂，甚至连浸泡米的水都用在了加工中，可见当时的人们花了很大心思。

从今天的专业角度来看，这是利用米在浸泡期间生成的乳酸菌制作酒母的方法，技术水平相当高。也就是说，用水浸泡米饭时，米饭中的养分得到释放，为乳酸菌提供了生长、繁殖和发酵的环境。乳酸菌发酵后形成乳酸，导致水中氢离子浓度（pH值）下降，有效阻止了各类杂菌和会导致酒腐坏的腐败菌入侵（这些菌群无法在低pH值的环境下繁殖），让酵母能够顺利繁殖发酵（酵母不受低pH值环境的影响）。不过，酵母发酵产生的酒精又会杀死乳酸菌，于是就有了这种一边追求纯粹的酵母、一

---

1 官方网站"菩提研"2021年给出的记述是：御饭冷却后放入笊篱中，埋在剩下的白米中过三天，先取上层清液，再将御饭拿出，最后蒸剩下的白米。此外还有御饭应该混合一升米还是四升米的差异。见 http://bodaimoto.org/bodaisen/。

边追求安全产酒的酿酒法。

令人难以置信的是，今天用米曲、酵母和乳酸菌做酒母的技术原来早在室町时代就已成熟。为了不让酒腐坏，也为了让气候温暖的地方能顺利酿酒，菩提泉这种安全的造酒法成为今日日本造酒业使用的基础模板。我们接下来讲述的"诸白酿造法"则是日本酒酿造的先驱典范。

《御酒之日记》中后来提到的曾在《多闻院日记》中出现的奈良兴福寺的酒，正是当今日本酒的基础形态。《多闻院日记》中提到"一对诸白""一瓶诸白""诸白结樽二荷[1]"等，到处可见"诸白"二字。《本朝食鉴》[元禄八年（1695）]中记载"近代美酒中无出其右者为诸白。诸为种种，白为白米，故而名之"，它与当今的日本酒相同，都是捣碎原料米后，认真过滤得到的清澄酒。

诸白的酿造法中已有了"元"，加工上还分初度（添）、二度（仲）、三度（留），与如今的三段式酿造法已完全相同。诸白酿造法的出现宣告了延续至今的日本酒酿造法已成型，在日本酒历史上具有重要意义。恐怕诸白的酒精度数与今日日本酒不会

1　一种日式桶，注重密闭性和耐久性。一荷为肩膀所能承受的行李货物重量，约60公斤。

有太大差异，口感味道也会相近。

根据记载，永禄十年（1567）前后兴福寺在酿造诸白时用的容器为大型的酒瓮，容量约3石（540升）；到了天正十年（1582）扩大规模就变成了大型的"酒桶"，一口气可以装10石（1800升）。到了庆长十四年（1609），纪州和歌山甚至出现了16石（约2900升）的超大桶（《林家文书》），可见此时造酒已进入大规模生产。

早于巴斯德的低温杀菌法

《多闻院日记》记载的酿酒技术中，特别值得一说的是杀菌的方法。永禄三年（1560）五月二十日记载"煮过的酒倒入樽中，为初度"，意味着接近夏季这个酒容易腐坏的季节时，要通过加热的方式来杀菌保质。

我对这部分内容展开了调查研究。根据前后文内容推测，当时的加热温度大致是在50~60摄氏度这个区间内，持续5~10分钟，与今日日本酒的加热处理标准几乎一致。

加热酒的目的是通过杀死酒里的细菌让酒不变质。就算酒酿好了，它也可能因为特殊的乳酸菌入侵而腐坏，如果加热至沸点的话就不用担心坏菌作乱了。但是加热到沸点也会让酒精蒸发导致品质显著下降，那么该如何解决这个矛盾呢？

1850 年至 1869 年，欧洲以法国为中心的很多地方出现了葡萄酒变酸的现象，法国科学家巴斯德通过加热葡萄酒来遏制这种变质，而且能做到无损酒的品质。根据他的理论，人们发现了含酒精的饮料就算不用煮沸也可以通过足够低温[1]的加热来达到显著的杀菌效果，巴斯德称之为"低温杀菌法"。

由于当时没有人想到要杀菌，所以这种方法就以提出者巴斯德的名字来命名为"pasteurization"，今天一提到这个词就等同于"低温杀菌"。兴福寺里造酒的僧人们却早于巴斯德 300 年就开始实践低温杀菌了。根据我个人的调查，在这之前，中国、朝鲜半岛以及其他国家和地区都没有像兴福寺的僧人那样杀菌的。兴福寺的低温杀菌法，是由日本人发明的世界级的先进技术。

日记中所说的"为初度"，应该是指第一次加热，为了安全还会有第二次、第三次加热。这一点与德国微生物学者科赫[2]提

1　一般在 60~82 摄氏度。

2　罗伯特·科赫（Robert Koch，1843~1910），德国医学家与病理学家。

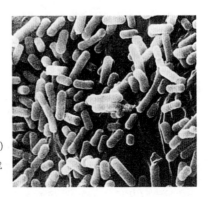

显微镜下的火落菌（乳酸菌的一种）
日本酒如果成酒后不加热的话，就
容易生长这种火落菌，导致酒坏掉

出的"科赫的灭菌锅"（不能高温加热的液体，用多次中等温度
加热也可以达到杀菌的目的）原理相似。在伟大的巴斯德提出低
温杀菌法以及著名的科赫低温灭菌法出现之前300年，日本的僧
人就已经实际应用"加热"的低温杀菌法了。

　　如上所述，日本酒的造酒技术在室町时代末期已达到很高
的水平，可以说今日日本酒的酿造方法就是在这个时期确立的。
靠着当时负责造酒的僧侣们的苦心钻研与勤奋努力，这些技术并
非只通过口授，还以文献记载的方式留传下来，对今天的我们来
说意义深远。在欧洲的修道院里，修士们也酿出了很多优秀的葡
萄酒，相关的经验与知识很多依靠文献一直保存到今天。即使国

家不同、思想有差异，但出于对生活品质的追求而孕育的文化却是人类共同的财富。

麹座风云录

谈及镰仓、室町时代的酒，就必须要讲一讲"麹座"。麹即米曲，造酒必须有它。因此民间私下制作米曲并偷偷卖给非法酒商的行为层出不穷。幕府为了方便管理和确保税收，就让下面成立"麹座"，只有经过幕府许可的人才能制造米曲并销售。麹座

中间和右侧为足立幕府颁发的麹座许可文书，左侧为挂在店外的招牌

幕府将这些交给京都的"椛屋三左卫门"悬挂在街头，等于允许他制造及销售米曲，承认他为"麹座"的一员（株式会社椛屋三左卫门藏）

在 13 世纪前期成立，进入 14 世纪后，出现了很多制度化、正规化经营的麹座。

拿到麹座许可文书最多的一群人，是神社里要忙活各类活动的"神人"，他们因为是神职人员享受免税的特别待遇。京都的北野神社留下来的《北野文书》中记载，在距今 600 年的室町时代初期，幕府允许这里的神人制作米曲并享受免税待遇。

以此为契机，京都率先成立了由北野神人组成的"麹座""西之京麹座""西京麹师""麹之众"等在北野神社地头活动的麹座。他们不仅制造酿酒用的曲，还一手包办制作味噌、酱油、甜酒等酿造制品所需的米曲，在很长一段时间里垄断了京都内外的米曲制造及销售权。直到宽元四年（1246），京都南部石清水八幡宫领地内的"刀祢"（神官）也获得了米曲的专卖权，同样成立了麹座，麹座才以各个神社为中心相继出现。

除了麹座之外，京都本地早已出现麹商，他们造米曲需要缴税，并没有麹座那样的免税特权。麹座就在幕府的庇护下持续存在了 200 年。

到了 14 世纪末至 15 世纪时，京都的制酒业蓬勃发展，应永二十二年（1415）"酒屋"已达 342 家。按照他们的酒窖中的加

卖米曲的小贩

他们就在京都的街头等着客人上门。这名女商贩吆喝着"诸位酒中仙，尽如您所见。口水尽管流，一点不给沾"[1]。麴座制度崩溃后，这些女商贩仍要交税金（《七十一番职人歌合》，室町时代）

工瓮数量和一年两次造酒来计算总量的话，一年间至少能酿制300石（日本升瓶3万瓶）。

　　光京都就有这么多酒屋经营，如果再算上河内与奈良这些地方城市的酒屋，它们明明有自己制造的能力却还要向麴座购买米曲就太说不过去了。所以各地酒商自然而然地开始在酒窖里偷偷做米曲，不再使用麴座的产品。

　　于是以北野神人为中心的麴座集团就开始在幕府里四处活动，想禁止酒屋制作自用的米曲，维护麴座的特权利益。幕府虽

1　此歌被认为有参考杜甫《饮中八仙歌》中的"道逢麴车口流涎，恨不移封向酒泉"。

在嘉庆元年（1387）发布的《足利义满御教书》中提及此事，但几乎没起到任何作用。倒是应永三十三年（1426）运输业团体马借[1]站到了酒屋一边，他们突袭北野神社，大肆破坏。这之后，与酒屋关系密切的比叡山僧侣们也时不时地出来闹事要求废除麹座，于是幕府采取了宽松执行麹座制度的策略。这一下又招来神人群体的激烈抗议，北野神社甚至关闭山门顽抗到底。幕府无奈只能出兵镇压，神人集团虽武力抵抗，但还是迎来了北野神社大半被战火吞没的命运。

这件事发生在文安元年（1444），被后世称作"文安的麹骚乱"。此事导致麹座制度彻底崩溃，从此酒屋开始了从米曲到酒的一条龙制造，这也成为今日造酒业的基本模式。不过人们常说，夺人口粮会祸及子孙，这场围绕着米曲制造权的骚乱，的确持续不断地折腾了近300年，波及了几代人。

新兴的"农家酒"

以上我们介绍了室町时代围绕日本酒的酿造与流通发生的

1　以近江坂本为根据地，利用牛马来运输酒屋及其他酿造作坊所需原料的运输业从业者。——原注

故事，这之后"诸白"的酿造法开始从它的诞生地奈良向京都附近扩散。一度繁荣的僧侣酒则因新兴酒产地的崛起以及各个战国大名开始限制自己领地内寺院的力量而日渐衰落，最终走向完全没落。就这样，在被称为"丰臣太阁最后盛宴"的"醍醐赏花宴"上，无论是天野酒还是百济寺、菩提山正历寺或观心寺的名酒都消失了。至于兴福寺的酒，《多闻院日记》第46卷的"元和四年的新酒渐渐酿成了"也成为其最后的记录。

　　在稻米产地、很容易搞到米的港口、有上好原料水的地区以及门前町或商业区这些地方，不断出现新兴的酒产地，如大阪、西宫、堺、天王寺、大津、小滨、儿岛、尾道、三原、防州、濑户内、小仓、若州、唐津、岛原、肥前、柳川、博多[1]等。它们当中诞生了"西宫的旨酒""宫腰的菊酒""加贺菊酒""博多的练贯酒""伊豆的江川酒"等广受好评的"农家酒"。时间也渐渐来到江户时代。

1　堺：大阪府中部城市，江户时代之前是日本重要的国际贸易港口。天王寺：大阪市旧地名。
　　大津：位于滋贺县西南部，自古为水陆交通要地。小滨：福井县西南部城市。儿岛：冈山县
　　仓敷市地名，镰仓时代以来为濑户内海重要港口。尾道：广岛县东南部的港口城市。三原：
　　广岛县南部城市。防州：山口县东南部旧地名。濑户内：濑户内海沿岸地区。小仓：福冈县
　　北九州市的港口。若州：福井县西南部旧地名。唐津：九州岛佐贺县西北部城市。岛原：九
　　州岛长崎县东部城市。肥前：九州岛佐贺县西北部旧地名。柳川：福冈县南部城市。博多：
　　福冈县福冈市，自古以来是日本的重要国际贸易港口。

二　元禄的酒，江户的酒

庆长八年（1603），德川家康就任征夷大将军，正式在江户开辟德川幕府。至庆应三年（1867）幕府瓦解，江户时代也就是德川时代一共延续了265年。造酒业在这段时期内继承了室町时代"僧侣酒"的技术，池田、伊丹、滩目[1]这些地方也正朝着名酒产地的方向发展，这是一个留下了丰富文献的时代，大量文献帮助我们了解日本酒是如何一步步走到今天的。

寒造酒技术成熟

江户时代最大的技术贡献，就是完成了可以在冬季寒冷的时节里集中造酒的"寒造法"。虽然僧侣酒为这种酿造法提供了基础，但还是等到江户时代它才成为一种适用于全国各地的技术。享保十七年（1732）出版的《万金产业袋》[2]中记载"酒适合寒造"。事实上，比起在夏季和入秋酿酒来，寒冷的冬天更容

1　滩地区的旧称，在地域范围上与今日的"滩五乡"有一定差异。
2　江户时代的"商品百科"，介绍各类商品的工艺和产地。

易控制原酒的温度，空气中的各类杂菌也不容易繁殖，通过柔和的低温发酵可以造出香气浓郁的美酒。使用寒造法能够保证酒的产量和质量，从而稳定供应市场。

寒造法能普及，不可小看幕府这个推手的作用。在幕府看来，农作物商品化和使贡米能转换为现金都是维持经济运行的重要手段，所以在宽文七年（1667）九月幕府下令"近期禁止制造新酒"，后来也时不时地在夏季和秋初禁止酿造新酒，以使寒造酒的酿制时间集中。如此一来，就会在冬季的一定时间内出现大量商品化的米交易（转换为现金）。幕府就以这样的方式控制酒商，确保自己的财政收入稳定。

寒造法不仅能让酒屋造出优良的美酒，还给了冬季农闲期的农民们在酒屋做兼职打零工的机会。新的机遇带来新的江湖，以酿酒人为主体的新组织出现了，我们将在别的章节介绍他们。

酵母育种法的进步

在这个时代，寒造法的确让日本酒的品质得以提升，但从业者原本在原料选择上就非常下功夫。比如《本朝食鉴》中记载"凡造酒者，先看水源，以流泉井泉为上，溪川长河次之，选中水源再选米"，意思是酒的好坏要看原料水的品质，先教你怎么选水源。原料米则是"五畿、浓尾、海西[1]沃土所产之米胜一筹"。关于米曲的制造，也留下了使用草木灰培养出来的种曲"青黄色的麹虽美丽但味道欠佳"（《和汉三才图会》）这样细致的观察记录。

关于酒母的培育，在贞享四年（1687）的《童蒙造酒记》中记载了"干枯"法，它也是今日日本酒制造所必用的手法。用酒母培养出大量酵母之后，不马上投入使用，而是将其在大量酒精和酸的环境下放置几天，"驯化"它们的耐受性。这之后再把酵母放到原酒中，它就能始终保持强壮的姿态，不在乎其他微生物的侵扰，顺利发酵。明明是只能通过显微镜才能看到的微生物，古人却对它们了如指掌，这让人又惊讶又感慨。

在原酒的加工容器上，江户时代前容量为3石（约540升），后因为大型酒桶制造工艺进步以及市场需求增加，生产规模也随之扩大。1700年时一次原酒加工就可以装入1.5吨米（《本朝食

1　五畿：京都周围地区。浓尾：岐阜县西南部与爱知县西北部。海西：包括日本西部、日本中国地区、四国岛和九州岛。

鉴》《和汉三才图会》《小林家文书》），这种规模与当今日本酒
的加工标准相同。

酒株与株改

江户幕府在成立时，就认识到造酒业是幕府与地方藩的产
业政策中最重要的一环，所以管理非常严格。因为造酒业也是能
左右中央和地方经济兴衰的粮食加工类产业，所以幕府认定必须
将这个能够影响米价的关键点牢牢掌握在自己的手中。明历三年
（1657），幕府制定了"酒株"制度，开始用税制对酒业从业者
进行管理。

元禄二年（1689）的诸白

这瓶使用了古伊万里白瓷酒瓶的古酒，一直深
藏在长野县北佐久郡望月町（如今的佐久市）
大泽造酒公司的酒窖里，于昭和43年（1968）
开封。酒呈深褐色，飘散出悠久而浪漫的香
气。经科学分析，由于近300年间水分逐渐减
少，酒精含量达到了24%

　　记录着各酒屋的酿造量（或者是原料米总量），同时还写着酒屋地址和管理者姓名的木牌叫作"株札"。幕府只允许持有株札的人拥有酒类经营权，并严禁他们酿造超过株札上总量的酒。

　　酒株制度就这样持续了一段时间，但随着市面上酒需求量的增加，造酒业的现有总量已难以满足市场。于是幕府又把现有总量和期望总量之间的差值设为一个调整量"株改"，承认它的合法性。明历三年设置"株改"后，第一次实施是在宽文十年（1670），第二次实施是在延宝七年（1679），第三次实施是在元禄十年（1697）。

　　第三次株改所确认的总量被称为"元禄调高"，它意味着世

按量卖酒

酒屋里，女主人拿着长柄勺正从斗瓮里舀"诸白"，用漏斗注入买酒女童手中的长颈德利瓶里。图中左上可见杉玉。通过斗瓮这样的计量容器，当地政府可以严密地监控商贩们的制造量及销售量，确保酒税的征收不出差错

[《人伦训蒙图汇》，元禄三年（1690）]

人已认可造酒业是在幕府的特权许可下在日本全国规模化发展的。今天那些以自己"创业300年"历史为傲的老牌酒商，都是在这个时期得到认可的名家。

此外，幕府还规定持有酒株的酒商只能在固定地区经营，禁止到其他藩销售。原因是按照酒株所征收的营业税会因为地域和领主的差异而有所不同。此外，酒株还分为能运输到

江户两国地区的夏季纳凉大会

江户地区人口众多。如图中所示，宽广的墨田川在纳凉大会这一天遍布屋形船，每艘船上都大摆宴席（《江户名所花历》）

江户地区的"江户积株"和专门在本地销售的"地卖株"等。至明治四年（1871）酒株制度被"造酒许可制度"替代为止，它一共持续了 174 年。

江户人，好酒量

自德川家康入城，江户地区就作为日本的政治、经济和文化中心得到发展，幕府体制也让它成为日本最大的消费地。到了元禄时代，日本全国的物资都在运往江户。元禄十年，江户的酒类消费总量用四斗樽[1] 计算的话为一年 64 万樽。至天明五年（1785）达 77.5 万樽。进入 19 世纪的文化、文政时期，江户地区的酒类消费总量高达 180 万樽。

根据天明七年（1787）的《蜘蛛之丝卷》记录，当时的江户"共 2770 余町，城市人口 128 万 5300 人"，这与实际数字多少有些出入，但可以确定人口突破了 100 万。这个数字远超同时期欧洲第一大城市伦敦，是当时的世界第一。这个时代的江户居民主要居住在今天东京的中央区、千代田区、港区、部分台东区、部

1　容量为 72 升的酒桶。

分江东区、部分新宿区以及部分墨田区等小区域内，人口密度相
当大。

如果人口能有 100 万，那么用四斗樽按照最高 180 万樽的消
费总量来计算，就是人均每年消费 1.8 樽，相当于每人每天都要
喝上两合。如果再减去部分不喝酒的老人、妇女和孩子，相当于
饮酒者一年内不间断地每天都喝上三合。这饮酒量几乎是当今日
本人均饮酒量的三倍。很难搞清楚他们为什么如此嗜酒，也可能
江户人就是能喝。

在当时，江户人主要喝的是从滩目、伊丹、西宫这些产酒地
运过来的"下酒"[1]，还有从美浓、尾张、三河这些东海道沿线地
区以及江户周边运过来的"本地仔"，其中"下酒"一般能占七
到九成。

滩酒与伏见的酒

"上方"地区的酒乡向江户输送了大量的"下酒"，其中
最受欢迎的就是滩酒。它超越了伊丹、池田和伏见这些以诸白

---

[1] 江户时代称大阪、京都及周边地区为"上方"，"上方"的各类商品运往江户时被称为"下江户"，所以从这些地区运来的酒也被简称为"下酒"。

见长的产酒地的酒，因品质卓越，市场上的占有率一直居高不下。弘化、嘉永年间（1844~1854）滩五乡之一的鱼崎乡酒屋经营者岸田右卫门写文章列举了滩酒的各类优势："西宫的井水、摄播[1]的米、吉野杉木的香、丹波杜氏的技术、六甲[2]的寒风、摄海[3]的温暖相互配合，各取其长。"特别是加工用水"宫水"，水质硬度高，包含丰富的磷、钾、钙这些对发酵来说求之不得的无机物，十分理想。

捣米水车的引进更是让滩酒的品质上了一层楼。当其他酒产地还在用脚踩方式磨米（用脚踩石碓把糙米捣成精米）的时候，滩地区已经能用水车产精米了，且成绩斐然。靠脚踩来磨精米既费力气又费时间，精米的产量也相当有限，而用水车不仅可以大量出精米，还能提升品质得到高精白米，这就让酒的品质也注定随之提高了。

在滩五乡、西宫、伊丹等产酒地声名显赫的伏见名酒，不仅经受了数次的政治考验，还趁着江户时代末期到明治维新这个

1　今兵库县南部。

2　兵库县神户市周围的山区，每年冬天都会被亚洲大陆来的寒风吹拂。

3　今大阪湾。

历史时机前进了一大步。伏见的造酒业历史相当久远。5世纪，外来移民秦人[1]一族移居京都盆地，以嵯峨的太秦广隆寺和伏见深草稻荷神社一带为据点发展起了养蚕、纺织、制陶等高技术行业。秦人也以酿酒技法见长，能造出好酒。到了8世纪，平安京的宫城里设置的专为朝廷酿酒的"造酒司"，就是由秦氏一族来管理的，京城的酒业由此得以发展。

如果您曾到访京都，会发现这里很多神社会供奉酒神和商业神，那么也就很容易理解京都内外尤其是京都本地人有多爱酒了。到了室町时代，像上文曾提到的以"柳酒"为代表的著名酒屋生意兴隆，应永二十二年的酒屋登记簿显示，京都内外共有342家酒屋。其中伏见和嵯峨作为京都外的著名酒产地，汇聚了很多名酒酒屋。

这些地区后来不断发展，到了明历三年，伏见有酒屋83家，制造量为15610石。此时也是池田、伊丹酒的全盛期，滩在宽文六年（1666）的制造量才840石，作为酒产地属于刚起步。

---

1 5世纪后从亚洲大陆来到日本的移民，据说其领袖自称秦始皇后裔。前文提到的秦氏豪族即其后代。

滩地区率先在天明年间引进了捣米水车

比起人工捣米来，水车捣米不仅效率大大提升，还能产优良的精白米。最繁荣时这里曾拥有 277 个水车车间，白数达 2.4 万台，一个水车能捣 100 白，一天就能出 2000 公斤的精米（《拾遗都名所图会》，天明七年）。下图是大正时代滩地区水车捣米的景象（《滩酒用语集》）

　　伏见酒多在本地消费。进入江户时代后，由于伊丹是京都名门近卫家的领地，伊丹酒受到特权保护，独占了京都地区的市场。伏见酒无法进入京都，想运到江户又没有地理条件。与此同时，滩地区有效利用与江户之间的往返运输船迅速发展。在这个背景之下，伏见的酒屋到了天保四年（1833）急速减少至27家（7197石）。

　　雪上加霜的是，庆应四年（1868）发生了鸟羽伏见之战[1]，城市大半毁于战火，大部分酒窖也被波及，伏见酒产量减少到只剩1800石。

　　好在否极泰来，明治10年（1877）西南战争之后，社会和经济总算安定下来步入正轨，伏见的酒也开始在全国构建市场。明治22年（1889）东海道铁路的开通为伏见带来了划时代的变革机遇，江户时代要花两到三个星期才能运到东京（江户）的酒，如今一天就够了。经过木村清助与大仓恒吉[2]等先驱们的努力，再加上酒本身的品质足够卓越，长年中断的东京销售渠道得

1　1868年日本新政府军与幕府军之间的决定性战役，发生在京都的鸟羽伏见地区。

2　日本企业家，著名酒品牌"月桂冠"第11代经营者。

以重新拓展。伏见酒迎来了奇迹般的复兴，伏见地区终于与滩地区并列为日本两大酒生产基地。

三 近代日本酒的诞生

科学造酒

德国医生恩格尔贝特·肯普弗（Engelbert Kämpfer）撰写的《日本志》（1727）以及在爱尔兰都柏林出版的《世界酩酊性饮料》（1838），第一次向世界介绍了日本的造酒业。《日本志》是当时世界了解日本的重要书籍，也是当时唯一由欧洲人撰写的介绍日本的读物。作者肯普弗在书中介绍了江户时代中期的造酒技术，对日本造酒工艺的精妙赞叹不已，称"全世界都难以找到能与之相提并论的技术"。《世界酩酊性饮料》的作者也对江户时代末期日本造酒行业的底蕴之深厚感慨不已，给予其高度评价。

日本结束闭关锁国进入明治时代后，社会气象为之一变，以往全靠经验和直觉进行的造酒迎来了科学这把手术刀。从国外输入的新技术和学科知识充实了日本独具特色的造酒技术。从德国、英国、荷兰和法国这些欧洲先进国家聘来的"御雇教师"[1]尤其发挥了很大作用，这些外国老师一边自行研究日本的酒，一边将他们的成果转化为以化学与生物学为基础的酿造学来传授，为对知识如饥似渴的日本学生们的大脑注入新鲜而丰富的知识营养。此后学生们将学到的知识结合理论付诸实践，开始梳理与日本酒相关的各个学科。

御雇教师群体还起到了让世界文明了解江户时代日本造酒业的作用，提升了海外学者对日本酒业的关注，并开始与日本学者交流技术。其中明治9年来到日本，就职于东京医学校的博物学教师赫尔曼·阿尔堡因第一个教授日本人麴菌学而被我们牢记。他向学界报告称酿造日本酒所用的米曲能够培养出前所未有的优秀霉菌，并将其命名为 *Aspergillusoryzae*（米曲霉菌）。不幸的是，阿尔堡在栃木县日光采集植物的时候染上了赤痢，于明治11年（1878）8月29日病故他乡。日本政府感谢他所做的贡献，向他在德国的妻子赠送了一笔丰厚的慰问金。

1　1854~1900年，日本为了推动近代化大举引进西方的技术专家，先后雇用800多人。

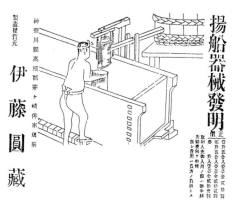

进入机械化时代

明治维新后，业界杂志上最引人注目的就是关于最新酿造机械的宣传。上图是杀菌（加热）装置，下图是榨酒的扬船机［明治 23 年（1890）］

东京医学校的德国化学老师奥斯卡·科舍尔特（Oskar Korschelt）与阿尔堡同一年来到日本，在这之前他曾在莱比锡和德累斯顿的工厂里担任技师，成功通过在啤酒中添加水杨酸为啤酒防腐。科舍尔特很快就注意到了日本酒的"火落"现象（如果加热杀菌不够充分，特殊的乳酸菌就会在酒中繁殖，导致酒很快腐坏），于是也在日本酒中添加水杨酸，并因此而知名。当然，今天的日本酒制造拥有完备的加热杀菌和灭菌设备，加工厂也非常注重卫生，水杨酸不再必要也被禁止使用。但考虑到明治初年的时候，相当多的加工厂（明治9年日本全国共26171家，现在约2200家）都频繁发生"火落"现象，在当时来说的确是划时代的创新。

与此同时，东京大学理学部的英国教师罗伯特·威廉·阿特金森（Robert William Atkinson）也在一边教化学一边向世界介绍日本酒的酿造技术。还有爱德华·金奇（Edward Kinch）、奥斯卡·凯尔纳（Oskar Kellner）等人都为日本酒制造工艺的学术发展做出了贡献，我们应该记住他们的名字。

还有一群值得铭记的人，就是在接受御雇教师的熏陶后，去西方留学归来的技术人员和学者们。明治16年（1883），在爱知县知多郡龟崎町（今半田市），工部省大技长宇都宫三郎在伊藤七郎兵卫的酒窖里使用舶来品温度计管理原酒的发酵，从而创立了连续酿造法。矢部规矩治将清酒酵母命名为 *Saccharomycescerevisiae*，为明确它的分类学位置做出了重要贡献。此外，明治19年（1886）从驹场农学校（今东京大学农学部）毕业后直接从事学术研究的古在由直（后任东京大学校长）

二战期间的《日本酿造协会杂志》

这本月刊从明治 39 年（1906）创刊以来已发行了 116 卷（大约 1400 期），
为日本酒的发展做出了重大贡献。不过，在战争状态下的这一期也刊登了关
于军事物资的《关于酒石酸紧急增产的研究》，以及《决战下的酒业应急措
施》和《提升原料米使用效率的清酒酿造实验》等文章，可谓世态百相［昭
和 19 年（1944）］

的事迹也很值得写一写。

　　古在由直在明治 24 年（1891）时，和矢部一同提倡培养纯粹的清酒酵母，并从理论和实践两方面努力。他也为日本酒的未来考虑长远，提出要设立国家级别的研究实验室，并为之四处奔走。到了明治 34 年（1901），大藏省和农商务省两个部门开始就设立相关机构展开调研，并在明治 35 年（1902）做出决定。该机构创建时的理念为："日本酒制造业如循规蹈矩墨守成规的话，就无法改变日本酒品质落后、易腐败、易变质的问题。酒业的健康发展关系到国民的卫生健康和国家的财政收入，因此政府斥资创建本研究机构，以推进与造酒技术相关的研究工作，并将成果用于指导业界及分享。"（《酿造研究所的变迁》）

　　研究所于明治 37 年（1904）5 月正式开张，古在由直为研究所选址做出了很大的贡献。东京都北区泷野川不仅在造酒用水和风土气候方面都是最优选，而且是在大藏省眼皮子底下（酿造研究所现为酒类综合研究所，位于广岛县东广岛市）。这里目之所及是飞鸟山的樱花、音无川的清澈水流，用来做酒类研究工作再合适不过了。研究所是大藏省的直属机构，这是因为酿酒技术的改良和研究关系到酒类相关税收是否充裕,与酒税业务密不可分。

就这样,在古在由直的努力下,酿造研究所终于成立。很快研究所就取得了成果,研究员江田镰治郎制出了直到今天还在使用的速酿酵母,清酒的防腐措施也被众多研究人员攻关成功。研究所不仅会举办旨在促进酒品质进步的"全国新酒评定会",还会召集酒业从业人员举办各类学术讲座,为日本酒的酿造业发展提供各种各样的机会。

这样一来,明治时代的日本酒业依靠着江户时代及之前积累下来的经验和智慧,再如虎添翼般辅以科学和技术,百花齐放般繁荣发展起来。

合成酒、勾兑酒与三增酒

到了大正年间,日本酒产业进一步规模化发展,大正中期年产量突破 600 万石,经第二次世界大战,到昭和 48 年(1973)创下了 780 万石的历史纪录(约 14 亿升)。用日本升瓶装的话能装约 7.8 亿瓶。在这之后,由于日本人饮食生活的西方化,以及啤酒、威士忌和葡萄酒的大举进攻给日本酒的发展带来影响,到平成 3 年（1991）已减少至 10.6 亿升。

不过有人指出，日本酒产量逐渐减少还有一个原因，就是战时管制遗留的"三倍增酿酒"问题。日本战败后社会经济惨淡，但又必须满足老百姓盼着喝两口的心愿，无奈之下"合成酒""勾兑酒""三增酒"就作为下策出现了。

合成酒是在明治 30 年（1897）被研制出来的，但直到大正 7 年（1918）才正式制造。由于这一年的米价突破了每升 5 钱，引发了从富山县开始波及全国的米骚动[1]。铃木梅太郎这位在后来因为维生素研究而闻名世界的科学家，考虑到当时在大米不足的状态下还用米酿酒会给民生带来很大问题，于是开始研究合成酒。他在糖液中加入丙氨酸来促使酵母发酵，让液体散发出与清酒相近的香味，于是就有了在酒精、糖、氨基酸和有机酸共同作用下制成的合成清酒。在当时，"合成酒"还有一个更让大家感到亲切的名字，就是根据铃木梅太郎所属的理化学研究所起的"理研酒"。

1　1918 年因大米价格暴涨而引发的民间抗议活动。起因是一战结束后进口米减少，地主、商贩趁机囤积加价，使得米价飞涨，普通民众难以承受，引发社会动荡。"米骚动"持续了 50 天，影响日本全国，数百万人参加了抗议活动。

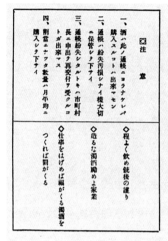

酒的配给本

在注意一栏中还写着"适度饮酒守卫后方"。一人可在三个月内买两升（日本升）酒

　　大正 10 年（1921）酿酒业制造了约 10 万石的合成酒，虽然
也对外销售，但比起当时清酒约 300 万石的销量来，合成酒的产
量也就是它的约 3.3%。到了二战时期的昭和 17 年（1942），合
成酒产量达 40 万石（720 万升），在战败后物资极度匮乏的条
件下，昭和 24 年（1949）也产出了 30 万石（540 万升）。不过，
这之后随着经济的发展，合成酒产量急剧下降，到了平成 2 年
（1990）也就剩约 230 万升了。同年日本酒的产量是 1.41 亿升，

合成酒只有它的约 1.6%。

昭和 14 年（1939），第二次世界大战爆发，日本国内局势也因此日益严峻。在严苛的战时体制下，政府不能放任民间用珍贵的主粮大米酿酒了，开始对酒类实施管制。造酒用的 300 万石大米分出 100 万石给老百姓，酒的产量减少到管制前的一半，约240 万石。

这样一来市面上酒就严重短缺了，导致"金鱼酒"和"村觉"这样的假酒横行。"金鱼酒"是因为水添得太多导致酒味极淡，酒精少到了金鱼都能在酒水里游泳而得名。"村觉"这名字更加幽默，指一个人在城镇上喝完酒回到村里时，酒已完全醒了，这种酒在地方上相当多。

对此政府出台了相应政策。昭和 14 年，历史上第一次规定了日本酒的酒精浓度为 15%~16%。昭和 15 年（1940）到 18 年（1943）又区分了上等酒、中等酒、普通酒，并划分了特级酒、一级酒、二级酒、三级酒，来努力确保酒的品质。一旦发现有人违规操作，就等同违反国家总动员法令，将被治以重罪。但到了昭和 18 年，形势越发严峻，政府进一步强化战时体制，对酒开始实施配给制，市面上不能再自由买卖酒类，这种配给制一直持续到战败后的昭和 24 年。

配给制虽然结束了，但造酒用的原料米短缺问题却依旧严重。于是又有了比起合成酒，气味和口感都更接近真正清酒的"勾兑酒"。合成酒完全不使用大米，是依靠酒精、糖和酸类等物质制成的类清酒产物。勾兑酒则首先是按制造日本酒的流程制作，然后再添加酒精和水来达到增量的效果。昭和 17 年，政府允许在原酒中添加商工省燃料局生产的酒精，勾兑酒技术得以发展，并在日本刚战败的日子里在全国的酒业同行中慢慢传播开来。到了昭和 23 年（1948），大部分的酒屋都学会了这个技术。根据当时的规则，一级酒的酒精添加量为每一吨米加入 100% 酒精 108 升，二级酒则为 180~252 升。

在粮食短缺的背景下，昭和 24 年又出现一种新对策。"三增酒"也就是"三倍增酿酒"，酿制方法是在原酒结束发酵后，添加混合了酒精、葡萄糖、水饴、有机酸类与调味料的"调味酒精"，几天后压榨，就能得到无损香气的产品。

原本清酒的标准是每 10 石（1.5 吨）的原料米可以出 15 石（2700 升）的清酒，在 15 石的清酒里加入 20 石（3600 升）酒精度数 30% 的调味酒精后再加工，就可以产出 45 石（8100 升）

酒精度数 20% 的清酒，等于是 15 石的三倍，所以得名"三倍增酿酒"。

　　三增酒的出现，大大减少了大米的浪费，也让日本酒的产量翻倍上涨，再加上生产成本大幅降低，满足了市场各方面的需求。后来随着农业技术的进步，米的产量也开始飞跃式上涨，日本经济也走上了腾飞的道路。在这些共同影响下，2006 年的《酒税法修改条例》中，三增酒被划为清酒中的"杂酒"，宣告它完成了自己的历史使命。

　　关于日本酒的原料问题，近些年来从业者和消费者都认为除了米什么都不添加才是好的，这种倾向也让勾兑酒和三增酒进一步减少。但我们需要知道，业内也有一部分从业者对这些酒是认可的。这是因为只用大米很容易酿出那种味道浓还不好喝的酒，一旦出货酒质就会老化。经营上需要计划性推出质量稳定口碑好的酒，倘若能相对降低原料成本，还能作为高级酒销售的话，站在从业者的角度来说也有利于处理酒税问题。所以勾兑酒和三增酒这类产品不仅能满足大众的需求，还能减少消费者的经济负担，优点不可忽视。

　　如今围绕着勾兑酒和三增酒是不是降低了日本酒的格调，

未来是否还有必要存在，有着各种意见分歧。考虑到它们出现的原因都是战时物资短缺及管制，那么可以说今天它们已经完成了历史使命。行业应该重新回到原点，朝着消费者能够接受的方向来修正相关条例。

幸好这十几年来，一边是勾兑酒和三增酒减少，一边是纯米酒、本酿造酒、吟酿酒等很具有手工感的酒类兴起，无论是酿造手法还是味道都开始追求真实感受，这难道不是眼下日本酒最重要的机遇吗？如果能借助"日本酒文艺复兴"这股新势头，依靠现代思维重新创造出消费者信赖并喜爱的各种日本酒，那么现今这个时代将成为关系到日本酒未来的重要时刻。

从级别制度到特定名称

昭和17年开始实施按照规格评定酒类级别的制度。根据这套制度，日本酒分为特级酒、一级酒和二级酒（《酒税法》规定，"品质优秀的为特级""品质上乘的为一级""品质不及一级和特级的为二级"）。不过在平成元年（1989）4月1日，特级酒被废除了，到平成4年4月1日，一级酒和二级酒的分级也被废除。

很多消费者在这之前都是参考这个分级来判断酒的优良，制度废除后或许有不少人在选酒时会不知如何是好。毕竟酒是密封好的商品，很难随便通过试喝来购买。于是为了给消费者提供一些便利，造酒商开始尽量提供产品的相关信息。

进口的葡萄酒都会在瓶体上贴标签，上面印着原料葡萄品种、生产地、年份、等级、制造日期以及质检号码等让消费者一目了然的信息。日本酒的标签则会印着原料米的品种、精米比例、甜烈度（日本酒度）、酸度、氨基酸度、酒精度、发酵天数、制造日期等，努力向消费者提供尽可能多的信息。

全日本的酒零售店共计 176500 家，让人意外的是，其中居然有些经营者完全不懂酒。从现在开始，这些"不懂酒的酒类零售商"必须了解自己所销售的各种酒类，才能建立起与消费者之间的情感联系，要是再慢吞吞不思进取，那么就将迎来被消费者完全无视的时代了。

平成 4 年 4 月 1 日开始，日本酒级别就从日本酒的酒瓶上消失了，但是在街头的酒类零售店里还是无形地存在着。那些非常了解日本酒，并因此自信满满接待客人的零售店就成了"特级零售店"，总是门庭若市。那些不懂酒的"二级零售店"，则会渐渐失去客人，这是一个消费者对商家优胜劣汰的时代。从制造商（造酒公司）到销售商（批发商、零售商、餐饮店等）再到品鉴者（客人），如果再不强化这条流通线路的话，消费者就将逐渐远离日本酒。

第四章　酒、社交与人生典礼

下聘

宣读礼单，男方送上象征吉祥幸福的鲷鱼、海带及酒（江户时代）

庆典、酒与人

古代日本人崇拜的神灵与农耕生活，特别是稻作农耕有着极深的关系。在绳文时代晚期，日本开始种植旱稻，在弥生时代开始种植水稻，于是在原本对山神的敬畏之上，又生出了对田神、水神的信仰。人们在春天播种期迎接山神成为田地之神，在秋天收获之后，又将神灵送归山中。他们怀着对丰收的期待、企盼与感谢，举办对神灵的祭祀。

春日庆典以"歌舞饮酒"为中心。《常陆国风土记》[和铜六年（713）]有"春暖花开之时，男男女女携带吃食与酒登山，在山神前对饮，快乐载歌载舞"的记载。像《播磨国风土记》（和铜六年）这样的地方志中也有许多"宴游""燕乐""燕会""喜燕""酒乐"的记载，刻画出人们在山间、泉边与田埂上享受酒宴的景象。

除了春日庆典外，春天还有祈祷丰收的小正月、种田神祭、射靶之类的祭典，夏天要驱邪，镇压带来水灾、虫灾与传染病的祸神，秋天举行庆丰收的"御供日"（收获庆典）、"神尝祭"、"相尝祭"与"新尝祭"等祭典，冬天则为了供奉稻的神魂，举行"神魂祭"和"火祭"等祭典。

在当时，酒并不是供个人独酌享受的，而是在集体仪式之中一起饮用的饮品，饮酒是神与人之间在交流。奈良时代的《仪志令》记载了村中神社为老人们举办酒礼，当时的人们在神灵面前敬畏地饮下酒浆。时至今日，我们仍然会在祭典中奉上神酒敬神，然后在神轿前喝酒庆祝。这可以说是古时酒所担负的使命的遗存吧，负责将超现实的"神"与现实中的"人"连接起来。

日语中的"酒宴"一词是"酒盛り（sakemori）"，柳田国男认为，酒原本是让神与人、人与人体会共同的兴奋，彼此共鸣，产生一体感的东西，所以有着给予与接受的意义。"酒"是从神灵或贵人那里获得的，在添加了表示"获得"的"もる（moru）"这个词根后，诞生了"酒盛り"这个概念。在庆典上，通过在神灵面前集体饮酒，表现出对神的敬畏与感谢之情，同时加强同伴意识与团结。这种"酒盛り"的行为，是以神灵为媒介，以人与人同饮一瓮酒共谋一醉为前提的，所以最基本的做法就是用一个大的酒杯，大家按顺序从上座传到下座，举杯同饮。

除了敬神之外，日常的仪式中也常这样做，例如举行婚礼时，新婚夫妇在神前同饮一杯酒，作为结为夫妇的合卺酒，又或者是在义结金兰时同饮一杯酒。即使在今天，日本的宴席礼仪里仍然有"返杯"这种独有的饮酒方式，客人喝下主人递来的酒后再把酒杯还给主人，这在全世界都很少见，也是古代酒礼的留存。

祭典的意义在于人类迎接神灵的降临，取悦神灵，表示自己的敬畏与感谢，令神与人成为一体。所以对人类来说，神灵就是来访的超越人类的客人，自然要向做客的神灵奉上供神美酒。负责献酒的人一定是女性，这样的女性被称为"刀自"（《日本书纪》）。

刀自不仅仅要担起巫女的职责，在古时，刀自要为神社酿造神事用的新酒，并贮藏到十一月或正月，为人们提供举办祭典时熬夜畅饮的美酒。在中世之后，出现了专门负责为神社酿酒的男性，被称为"杜氏"，这可能就是从"刀自"衍生出来的。

在祭典上，最传统的酒宴形式是人们分享供品的"直会"。在神事结束后，大家分享供品与神酒，比较阔绰的神社会设有宽敞的直会殿，或称直会所，直会上的神酒也有着特殊的意义。人们赋予神酒宗教意义与心理效用，期待通过与神享用同样的酒，分享神灵的神力，或者听到神灵的启示。

直会一方面表达人们对神灵的崇敬，一方面也想让神听到自己的愿望，所以只有人这边喝酒是不合适的。正如举办神事是为了取悦神灵，直会上也要演奏神乐让神高兴。换言之，祭典本来就是为了娱神，所以很多地方的人会在祭典上一边喝酒，一边演出各种各样的滑稽戏。

位于高知县安艺地区的八幡神社，每隔三年会在5月3日举行御田植祭。祭典上，男人会分别扮成牛和赶牛人，以及被称作"榨酒人"的女装男子，还有接生婆，做出快乐的样子大叫大笑。静冈县伊东市的音无神社每年11月10日举办祭典，人们会在深夜聚集在神殿里，一个接一个地轮流喝一杯神酒，这个时候一盏灯也不能点，也不可以发出声音。一片黑暗之中，大家很难把酒杯准确地递给旁人，就以捏捏对方的臀部作为暗号，这就是很好笑的"尻摘祭"。

千叶县香取郡（今香取市）还有一种叫"髭抚祭"的祭典。人们在直会殿举行酒宴，喝的是浊酒，如果喝酒时有人摸了沾在胡子上的米粒，就要罚再喝三杯。各地还有很多像这样的例子，都是为了用酒取悦来访的神明，表达对神明的感谢。

社交、酒与人

人要进行社会生活，就无法避开人与人之间的各种交往。不只是如今，自古以来很多时候人们是通过酒来进行社交与应酬的，酒在人际交往中起了很重要的作用。

例如在过去的山村生活中，新潟县东蒲原郡东川村（今阿贺町）一带有个不成文的习俗，每当有外人要加入村庄，或者有人要分家的时候，就会以翻建破旧房屋为由，请村人们喝一顿酒。岐阜县大野郡丹生川村（今高山市）一带，有人要加入当地的"邻组"[1]时，要送这个组两升酒。爱媛县东宇和郡惣川村（今西予市）入组时也要送酒，称为"叨扰之酒"。送酒表示着新来的人希望能早日融入当地的心意。

在石川县的奥能登，有新来者要定居的时候，要向区长送上"出面酒"，表示希望区长能出面照顾，明治初期的标准是一

1　1940~1947 年存在的地区基层组织，由街坊四邻组成的居民小组。

樽酒（1斗5升）。摆了酒，才意味着新来的人从此开始定居在村里，可谓意义重大。由此可见，酒已经成了人与人之间顺畅沟通的重要载体。如今这种传统几乎消失了，但有些地方仍保留着搬家时给邻居送酒礼的习俗。

换个角度说，现代社会里也有很多老人摆酒欢迎新人的例子。大家最熟悉的就是欢迎新职员、新学生的"欢迎会"。它既是对新人的欢迎，也是为了让新人了解上下关系，促进职场（或者大学社团）的团结与和睦。为了让仪式顺利进行，酒是不可或缺的道具。

酒也用在送别离人的"送别会"上，这种时候一般不是离去的那一方摆酒，而是送别的人来办，过去称这种酒为"泪酒"。石川县羽咋郡一带的乡村，有人离开的时候，会委托区长处理家私，这时候区长会举办被称为"廉卖"的拍卖会，让职员告知所有人举办的时间和地点，离开者由家属（如果没有，也由区长代理）向参加的人们用茶碗送上"泪酒"。石川县能美郡也有喝"别离酒"的习俗，离开的人与大家最后一次聚会，代表缘分的结束。

如今这种习俗仍在延续，只是改名叫"送别会"或者"欢送会"。这种聚会上的酒，是表达对以往照顾的"感谢之酒"，是祝福离开的人在新天地大展宏图的"鼓励之酒"，也是表示对别离伤心不舍的"遗憾之酒"。

酒对社交的推动，除了用在"人与人"之间外，也用在"家与家"之间。过去人们在盖房子或者翻修屋顶等需要互助的事情上，可以不用给来帮忙的人工钱，但下一次也要去帮助这次来帮自己的人，摆上好酒好菜，代表了彼此对有来有往的心照不宣。还有像农林渔业中播种、割稻、烧山、除草、清淤、拉网这类需要多数劳力共同协作的时候也是如此。这种邻居或亲朋之间互帮互助的行为叫"结对""帮手"，接受帮助的一方要"回对""回手"，以同等的劳力作为回报。

在休息的时候，接受帮助的主人会请大家吃些零食，做完工之后大家会一起喝酒，让彼此更加团结一心。这种时候也不是不能以茶代酒，但那样估计会变成安安静静的慰劳会，还是酒这种奇妙的东西更能解除身心的疲劳。

初春时节，"邻组"要一起清扫海滨或整修道路。在梅雨之前进行的所谓"泥酒"或者叫"泥鳅酒"，也是为了疏通沟渠这样的协同工作。

"火灾问候酒"也是常见的社交礼仪酒。如果附近发生了火灾，这种时候最重要的是赶快把慰问品送到，就算到了今天，大家还是首选送酒。因为速度要快，基本上不会挑酒的等级或品质，送的基本是二级酒。救灾的人们只能支起锅灶做个简易的厨房，再搭个临时的棚子，抓紧清理过火后的废墟，送酒可以提升救灾者们的干劲，也能让大家的心情变得好一些，可以说是最好的礼物了。

乡下还有一种叫作"青年酒会"的习俗，也是为了促进亲密关系而产生的。干完农活或者打鱼归来，年轻人各自凑钱买酒来喝。这是继承自过去青少年打了酒，各自从家里带些米和菜，有时也从附近田里挖些芋头或蔬菜来下酒的热闹传统。

在那个家中父权强势的时代，年轻人们聚在一起饮酒，可以缓解在家里的压迫感，也能交换工作或者嫁娶的消息，发泄心中的苦闷。这种酒会也不仅限自己村里的年轻人，每当庆典或年节的时候，邻村的小伙子们也可以带着被称为"花"的酒作为礼物一起参加，让村子之间的关系更为和睦。如今的青年团、青年会，可能就是从"青年酒会"发展出来的吧。

人们要给平时照顾自己的人送礼时，也常常首选送酒，这

商品券

用商品券才能在酒屋换到券上所标数量的酒。右上是政府的许可凭证，右下是商品券号码，中间左侧是兑换期限（明治时代）

也是自古以来的习俗。佃农对地主、学徒对师傅、旁支对本家、娘家对婆家、部下对上司、新婚夫妇对媒人，都要在过新年或者中元节的时候送酒上门以示问候。

　　如今快递业发达，大家已经不需要自己带着礼品亲自送上门了。但在过去，人们都是拎着贴好礼签的酒登门拜访。毕竟是为了感谢对方才送去让对方品尝，所以基本要选特级酒或一级酒。向比自己小的朋友送一瓶一升酒，两人对酌，这类情形还产生了"友人登我门，一升美酒两人饮，合计喝二升"这种让人莞尔一笑的川柳名句。有人认为送酒是出于"避祸"，实际上还是借助酒来重新认识双方的上下关系，通过体会同样的陶醉感来加深彼此的感情吧。

每逢新年，我们会带着美酒菜肴作为"年礼"走亲访友。这种时候主人要拿出作为冷酒的甜酒，然后再上烧酒。客人被招待到有壁龛的房间，涂着朱漆的桌子上摆满年节菜肴，主客双方用装饰着金银线和红白花结的酒具对酌，庆祝效果可以说是无可挑剔。这时酒就是给主人和客人牵线搭桥，让双方的关系更上一层楼的绝佳工具。

俗语说"热闹得跟盂兰盆节和过年似的"，盂兰盆节是迎接祖先灵魂的佛教仪式，在这一天家人团聚，在佛前饮酒，迎接亡者的灵魂归家探望。人们常常在酒坛上贴上"御佛前"的标签，用酒和面条供佛。有些人实在太过繁忙，或者离家太远，平时无法去扫墓，亲情都变得淡薄了，就会在盂兰盆节的时候带酒回来和亲人一起喝两杯，平时的隔阂也就能消除了。这种节庆酒宴可以让家人之间更加亲密团结。

桃花节为什么喝白甜酒

人生只有一次，每一个值得纪念的日子，基本都有着规定好的庆祝习俗，这些时刻也都不能缺了酒的存在。接下来，我们就从人这一辈子来说说酒和人生纪念日的关系吧。

现在我们很少送酒庆祝婴儿诞生了，但在过去，这是常见的习俗。每当一个家庭里有新生儿，人们首先要向神龛或佛龛供酒，感谢神佛庇佑婴儿安全出生。到一个月左右，人们会招待街坊四邻、区长以及亲朋好友来喝满月酒，祝福新生儿幸福安康。如果孩子出生之前为了祈求生产顺利，去中山寺等地方请了围腹[1]的话，那就要带一条崭新的围腹，加上作为回礼的酒到寺里去还愿。

比起婴儿降生的庆典来，孩子出生后第一个节日（"初节句"）的酒宴更为隆重。毕竟古时婴幼儿的死亡率很高，能平安长大才更值得庆祝吧。

女儿节是三月三日上巳节的庆典，是女孩子们非常重要的节日。女孩子人生的第一个节日就是女儿节，父母要在家里摆一桌上好的酒宴，盛大地庆祝一番。摆放好装着"雏人形"的"雏坛"，大家喝着美味的白甜酒，在和乐的气氛中庆祝到天明，

1　日本风俗之一。家中有人有孕时，去寺院上香祈求生产顺利，带一条供奉的围腹回来给孕妇使用。据说中山寺等寺庙最为灵验。

女儿节与白甜酒
女儿节喝白甜酒的
习俗是从奈良时代
的贵族那里流传
下来的。[《日本岁
时记》，贞享五年
（1688）]

　　这样的仪式会一直持续到女孩子长大成人。把女儿节作为女孩子
人生的第一个节日来庆祝，不仅对女孩子的教育有重要的意义，
也是将女儿介绍给大家。人们通过酒，来庆祝家族团圆、亲情美
满与友情和睦。

　　女儿节始于奈良时代，是贵族的女儿为了展示自己拥有的
精美人偶，招待贵族与武士家庭宴饮而来的，当时酒宴上就已经
使用白甜酒了。至于为什么要喝白甜酒，虽然具体原因没有流传
下来，但大概是过去的浊酒酒精度比较高，味道偏酸，口感也比
较辛烈，白甜酒甜味更浓，酒精度也比较低，更适合女性饮用。

那么，为什么这种酒的颜色一定是白色的呢？这也没有定论，但多半与女儿节上的桃花颜色有关系。女儿节又叫"桃花节"，人们要在"雏坛"前插上桃花花枝，那水灵灵的花瓣就仿佛少女的肌肤，淡淡的粉红色花朵有着少女的清纯与娇羞。桃花与三月的节日简直再相衬不过了。不仅如此，古代桃树还被视为能够延年益寿、驱邪除秽的灵树，桃（momo）又与"百岁（momo）"同音，寓意非常吉祥，自然会被视为象征节日的花。

从这个意义上说，把桃花花瓣撒在白甜酒上，将白甜酒与花瓣一起喝下，那简直是长命百岁、祛除百病的良药了。比起透明的酒水来，还是纯白的酒液上漂浮着色彩艳丽的桃花更能够象征女性的优雅与美丽，既能悦目，又能怡情。我个人认为，这可能就是女儿节上一定要喝白甜酒的原因吧。

端午节与元服礼

男孩子的第一个节日是五月五日端午节。这一天，人们要树起鲤鱼旗，供奉钟馗旗或人偶，举办酒宴招待邻里亲朋，让儿子出来亮相，拜托大家以后对他多多照顾。过去对武士家族来说，这个仪式是极其重要乃至神圣的，为表示庆贺，会特别定制桶装酒在酒席上宴客，或者作为赠礼送出。江户时代中期也留下了某富商为了庆祝儿孙的"初节句"，送酒给走过店前的路人们喝的记载。总而言之，那时候的人们认为男孩是一家的继承人，是国家的栋梁，生了男孩比生了女孩更该隆重地庆祝，所以端午节仪式的武道精神与父权制意味都极为浓厚。

男性在成人之时会获得社会的承认，为了庆祝成人而举行的典礼称"元服"。"元"者首也，"服"是"穿着"的意思，"元服"就是"戴冠仪式"，又称"首服式""首饰式""冠礼式""加冠式""初冠""御冠"等。

自天武十一年（682）规定"男子结发加冠之制"以来，元服礼就成为朝廷与贵族的重要礼仪之一。史书记载圣武天皇在和铜七年（714）14岁时行元服礼。原本的礼仪是戴发冠，武士社会中则用乌帽子代替了发冠，参加元服礼的男子要在理发后把头发结成"发髻"。在此之后，元服礼传到民间，成为男孩长成大人的节日典礼，酒则在元服礼的宴席上发挥着重要作用。

时至今日，这种严格的仪式只在一些乡村还有残留。昭和62年（1987），栃木县盐谷郡栗山村（今日光市）大字川俣流传的集体元服式被指定为重要非物质民俗文化遗产，每年一月下旬

向少年教授酒之道的图画

在元服礼之前，男孩要学习正确的
饮酒方法与礼仪，也要接受精神上
的教导（江户时代）

的星期六都会举办。

在这里的元服礼上，担任监护人的干亲（年长者夫妻）称为"亲分"，要成人的少年称为"子分"，两者之间要喝下承认亲子关系的交杯酒。子分和年幼的"伴当"们，与各自的亲分对坐，男性使用雄蝶杯，女性使用雌蝶杯[1]，严格按照义父—义子—义母—义子—义母—义父的顺序进行。在交换酒杯仪式之后，伴当端上头尾完整的鱼，分成五块，鱼头递给义父，下一块递给义母，后面分给元服者们。昭和20年前少年参加元服式的

---

1 在婚宴或元服礼等正式场合，使用一对长柄酒壶（铫子），称为"蝶杯"，上面贴有纸折的蝴蝶，一为雄蝶，一为雌蝶。

年龄是虚岁 15 岁，之后改为虚岁 20 岁。

除此之外，各地还有许多不同的元服习俗。石川县羽咋郡志贺町和田地区流传的习俗是元服者要与被称为"亲大人"的村内首领进行交换酒杯的仪式，此时元服者要在"亲大人"面前唱歌或表演舞蹈为酒宴助兴。参加元服礼之后，少年就成了成年男人，在福井县三方郡美浜町地区，个人在加入青年组织时，要带二升酒和一盒豆腐，与青年们一起去爬山举行兄弟酒宴。无论是哪种习俗，都要在很多的人面前喝酒庆祝，这是自古以来的公示之意。

女性也有类似的成人礼，又称"发上""裳着""成女式""铁浆式""齿黑式"等，但是这些习俗正在逐渐消失，如今已经很少存在了。

结婚典礼

在成人礼结束后，下一个重要的人生典礼基本就是结婚了。一个完整的结婚要经历相亲、订婚、婚礼、婚宴等阶段，基本哪个阶段都缺不了酒。

例如入赘婚，中心是公开宣布双方已经约定好的夫妻关系。

作为婚姻关系成立的典礼，新郎要与新娘的双亲干杯，这个仪式称为"神酒入"，结束之后婚姻便获得所有人的承认。有的地方在此之后会举行庆祝典礼，这种时候妻子要到丈夫家中去，与丈夫的双亲干杯，称为"进门"。

当然，最常见的情况还是新娘嫁进新郎家里来。除了自由恋爱结婚外，男女的婚姻一般都从相亲开始。男女双方和父母通过相亲，一旦确定对方是可以成为配偶的人，就会尽早找个良辰吉时，举行称为"定酒"的订婚仪式。男方要送酒上女方门，与女方父母对酌。媒人要在婚姻仪式里承担重要的职责，毕竟婚姻是人生大事，为了对两人的将来与未来两家的关系负责，只有具备一定社会地位的人才能当媒人，媒人自然也要上门一起来喝"定酒"。

订婚典礼上作为婚约见证的酒，在全国各地有很多称呼，如"酒入""酒立""桶立""决定之酒""约定之酒""改口酒""谈定酒""定约酒""手打酒""手入酒""开口酒""除根酒""袂酒""瓢酒""完成酒""钉酒"等，足以说明酒与订婚仪式有多么紧密的关联。

出嫁当天，一般有"朝迎婿"的步骤，即新郎先到新娘的家里去，与新娘的父母正式会面，喝"契酒"。在此之后，有的地方是新郎带新娘回家去，也有的地方是新郎先回家，在家等候新娘过门。有些地方还有有趣的风俗，叫"女婿逃家"，新郎要当着女方父母的面突然逃回家去，在家里等女方家人送新娘到来。新娘离家的时候，随身带的婚礼用品里一定会有桶装酒，到了新郎家中，就用带来的酒作为婚宴上的"祝酒"招待宾朋。

新娘出嫁就要离开养育自己的家，这时要把常用的茶碗或者盘子打碎，表示出嫁后再也不会回到娘家，有些地方还要用扫帚把新娘的脚印都扫掉。进婆家家门的时候，各地也有各种各样的习俗，比如新娘要从厨房门走，或者让宾朋拍一拍臀部，在门口要喝被称为"门房酒""门酒""屋檐酒"的进门酒。

在埼玉县秩父郡大泷村（今秩父市），流传着叫作"跨门酒"的酒礼，新娘在跨过门槛时，要保持着当时的姿势，用木杯喝下一杯酒。斟酒的是作为"陪伴人"的媒人。熊本县阿苏一带则流传着"野刀酒"，新娘一行人来到新郎家的玄关时，新郎点燃用茅草做的火把前来迎接，给女方敬酒。斟酒的必须是双亲都健在的男童女童，使用一套三个的套杯。新娘喝下三个杯子中的酒，表明自己心坚志决地嫁进男方家中。

结婚典礼的中心，是新郎与新娘对饮的"夫妻杯"，以及之后妻子与丈夫父母对饮的"亲子杯"。"夫妻杯"又称"相合酒""结姻酒""叠杯酒"，各地甚至各家都有不同的风俗。例如熊本县球磨郡五木村大平的婚礼就很简单，新娘先用套杯喝下三杯酒，把杯子递给新郎喝三杯，再与男方父母喝亲子杯，然后就举行婚宴。

千叶县市原市举行的"交换酒杯仪式"则相当复杂。仪式由被称为"座权"的人主持，首先由男女双方的媒人分别介绍双方的亲人，然后两位媒人互饮一杯，男方媒人将杯子交给女方媒人，再交给男方的父亲。父亲喝酒后交给新郎，新郎新娘喝下交杯酒。这期间都要在男方媒人的见证下，由年幼的男童以雄蝶杯，女童以雌蝶杯倒酒。结束之后，雄蝶杯与雌蝶杯要在参加典礼的宾客们手中轮流向右传递，男方父母与新娘喝下"亲子杯"，最后女方媒人向宾客们宣布新娘的名字，婚宴正式开席。庆祝的酒宴一般要开个通宵。

等婚宴结束，宾客回家的时候，各地也有各自讲究的酒礼。千叶县君津市龟山有"草鞋酒"，女方的宾客退席时，至少要用大碗喝两碗酒。在石川县羽咋郡志贺町坪野地区，男方要拿着酒桶一路把女方宾客送回家，边走边给他们的茶碗里倒酒，路上碰到谁，就分喜酒给谁喝。这种风俗叫"起身酒"或者"随喜酒"，通过酒，表示对客人归家的依依不舍，更是表达了对对方送新娘过门的诚挚谢意。

除凶酒

人生有值得庆祝的喜庆之日，自然也有需要躲避的"凶年"。男性 25 岁是"凶年"，42 岁是"大凶年"；女性 19 岁是"凶年"，33 岁是"大凶年"。各地在这种年份都有不同的除凶仪式，酒始终是其中的重要角色。

当老人虚岁 61 岁的"花甲"之年，或者"古稀""喜寿"的时候要举办寿宴，近年来还会举行庆祝金婚、银婚的结婚纪念酒宴。宴席上，客人向主人敬酒表示庆祝，主人用酒招待宾客表示感谢，同时用酒也包含了期望主人更加健康长寿的祝愿。祝酒的酒宴是轻松愉快的，而消灾避祸的酒宴则更像是一种仪式。

男人到了"大凶"的 42 岁，要在农历一月二十三日的晚上和家人亲戚一起举办除灾的法事，将酒供奉在祭坛上，然后为来参加仪式的村人邻居摆设酒宴。到了深夜，大家会一起合掌参拜夜空中的月亮，为主人祈祷消灾避祸（石川县羽咋郡志贺町大岛地区）。

比较有趣的是秋田县山本郡二井町（今能代市）仁鲋地区流传的"新年礼"。在典礼上，逢42岁的男性和逢33岁的女性，要在2月1日参拜氏族神进行祈祷，并在净身之后，招待亲朋好友来吃酒席。女性用3升3合3勺的糯米，男性用4升2合2勺的糯米捣成年糕，摆放在客人们吃席的客厅里，主人夫妇对坐在年糕前面，让孩子们给自己倒酒喝。然后过大凶年的人拿起水桶，用木勺向四方洒水，再用木勺柄把年糕打碎，将年糕碎块与零钱一起向客人们投撒，客人们要争抢年糕和钱并带回家去。让逢凶年的人喝酒获得活力，再把获得了酒之力的年糕和零钱分给宾客们，这种除灾仪式越热闹越欢腾，代表除灾的效果越好。

葬礼与酒

每个人一生经历了种种喜怒哀乐，最后都难免一死。无论是作为漫长人生的终结，还是作为前往那个无人知晓的世界或是人们敬畏的佛界的开端，葬礼都是沉重的。各地自然也有各种各样的习俗，在柳田国男的《葬礼习俗用词》中引用了许多相关的民俗书籍。我们在这里介绍与酒相关的葬礼礼仪。

与死者一起度过他或她在这个世界的最后一夜，就是"守夜"。家人亲戚与生前的好友会聚在死者的棺木之前，彻夜守灵。一般情况下，死者的家属会准备没有烫过的一升装冷酒，给每个人倒在茶碗或酒杯里喝。这是为送别离世的人而喝的最后一杯离别酒，也可以暂时消减遗属们的悲伤。大家一边喝酒，一边追忆死者。

守夜之后就是"纳棺"的时候，由于面对遗体，大家的心情都很悲痛，处于失常状态，所以要喝冷酒让自己的行为举止恢复一些正常。这样的仪式在各地均有流传。

在埼玉县秩父地区，死者的亲属都要含一口冷酒，轮流喷在遗体上，这个习俗叫"入棺酒"。长崎县壹岐地区有"纳棺酒"，在遗体入棺的时候，亲属要穿上破衣烂衫，或者把衣服翻过来穿，系上绳子，口含冷酒，喷在用屏风围起来的死者脸上，一边轻声念着挽词，一边把遗体放进棺木。

这两种习俗之中，喷在遗体上的酒代表着清除遗体的不祥，还死者清净之身，也代表着除去参加葬礼之人沾染的晦气。这种参加入殓的人才能喝的酒叫"净身酒"，也有参加者不接近遗体，隔着门槛斟酒的例子（岩手县紫波郡一带）。棺木下葬之后，参加葬礼的人用盐净身，用水净手，然后再喝一杯冷酒，这杯酒就叫"洗手酒"，也是为了给入葬的人驱除污秽。

丧家要给挖掘墓穴的掘墓人送"掘墓酒"，也有的地方会在挖墓穴之前喝冷酒避秽。

葬礼仪式上，亲朋们要在起棺送葬之前喝一杯冷酒，这样的风俗在日本全国各地都流传着。这杯酒叫作"御斋""饯别""出门酒""出门杯""送别御神酒""送别酒"等，毕竟与离世的死者最后道别需要很大的决心，为此得借助酒力。

现在公共火葬场普及了，葬礼的习俗也改变了很多。过去在焚烧遗体的时候，需要有三个人摆上酒和简单的菜肴，叫作"断思之仪"或者"别房礼"，既表示给即将焚烧的遗体净身，也表示以酒给送别之人勇气。

人死后要进行忌日供养。通常的忌日包括人死后的第三十五日，第四十九日，第一个盂兰盆节，满一周年的一周忌，满两年的三回忌，满六年的七回忌，以及十三回忌、十七回忌、二十三回忌、二十七回忌、三十三回忌和五十回忌。忌日时，需要请寺院的僧侣前来，亲人供上酒与斋菜，一边缅怀故人，一边进行供奉。

近年来，冲绳县及其离岛如与那国岛等地仍然保持着土葬习俗，那里要举行一种洗骨仪式。冲绳的墓葬非常巨大，人可以进入其中举行葬礼。将遗体放进墓里的时候，要为死者随葬满满一大壶泡盛酒。遗体在十年后化为白骨，洗骨仪式上，会先用清洁的水洗净遗骨，再用随葬的泡盛酒洗一遍，最后把遗骨纳入骨罐。剩下的泡盛酒会作为驱邪酒分给参与洗骨仪式的人们。

奄美大岛也有这样的习俗。洗骨仪式在死者亡故七年后进行，主持者口含烧酒，在遗骨上喷洒几次，再用清洁的水浸湿毛巾进行擦拭，最后把清洗过的遗骨放进骨壶或者石棺里，将烧酒

冲绳的墓葬非常巨大，入口处有门扉，人们在里面举行葬礼，甚至在里面煮酒

喷在棺材或壶上，盖上盖子。

人这一生，从降生开始，到死亡结束，各种典礼都与酒息息相关。酒赐予人力量，为人庆祝，给人安慰，驱除人的污秽，守护人的安全。这种神妙的液体具有肉眼无法看到的伟大的力量，日本人也非常巧妙地利用了这种力量。如果没有日本酒这种民族之酒存在，人们的内心恐怕会更加杀气毕露，连世间也会失去几分颜色吧。

第五章　卖酒生意

江户时代的居酒屋风景

当时的风俗是当着店中酒客的面杀鱼,直接端上生鱼片。画上这一天的主菜是鲣鱼
(江户时代。作者不详,东京农业大学酿造博物馆藏)

"集市"的出现

万叶时代，日本各地都已经出现了"集市"。相关文献最早见于《三国志·魏书》中关于倭人的部分，"国国有市，交易有无"。光看这句话，我们并不知道当时的集市是什么样。在《日本书纪》第十五卷弘计王（显宗天皇）的《室寿歌》之中，有"旨酒饵香市不以直买"（饵香市上的美酒，有价无市）的诗句，可以看到市场上出售的酒的品质。饵香位于如今大阪府藤井寺市，这一带是联结河内、大和、伊势三个地区的重要地点之一，从这句诗歌来看，5世纪后半叶这里的市场就已经有美酒了。对酒文化史极有研究的加藤百一博士也认为这就是对日本酒类交易的最初记载。

除《日本书纪》记载的河内饵香市之外，《古事记》《出云国风土记》《常陆国风土记》等典籍中还记载有大和的海石榴市、天之高市、阿斗桑市，出云的朝酌促户渡，常陆的高滨市，骏河的阿倍市，美浓的小川市等，这些集市很可能也会卖酒。

那时的集市一般都采取以物易物的形式，根据关根真隆博士的《奈良早餐生活研究》（昭和44年，吉川弘文馆），天平胜宝五年（753）到宝龟二年（771）中，最高级的"净酒"1升相当于米2升4合。天平宝字六年（762）1升米卖7文钱，那么1升净酒是17~18文钱。比净酒低一级的"粉酒"1升相当于米1升4合，也就是10文钱。更低等的酒1升就换1升米，价格相同。

既然能够在集市上直接流通，酒就成为很好的交易品。不仅如此，国家和各地方行政机构会用酒支付一部分工资。天平十年（738）《和泉监证税账》中，和泉国官府向修水池的民夫每人支付3合酒，天平宝字六年《造石山寺所符案》中，工人的工资是按1升芋头烧酒掺4合水的比例，隔一天支付每人3合。

这部文献里第一次出现了酒中掺水的记载。按理说，1升酒里加4合水，酒精浓度和味道都被冲淡了不少，但是当时的酒含有大量糖分，酸味也更浓，是一种酒体较为丰盈的酒，所以就算

竹制容器
在飞鸟、奈良时代，人们经常使用这种竹制器具把酒
运到集市之类的地方

掺了水，也不会太淡吧。

　　说到兑水酒，《日本灵异记》[1]（下卷）记载着一则传说：宝龟年间（770~781）赞岐国美贵郡郡司的妻子田中真人广虫女虽然很有钱，却十分贪婪，因此受到惩罚，死后变成了牛。故事里广虫女的恶行之一就是"沽酒时多有掺水，还售以高价"。地方官员及其家人向农民征收米和农作物作为税金，再把米酿成酒卖给农民，这本来就已经是肆意横征暴敛了，还要在酒里多加水来

1　全称是《日本国现报善恶灵异记》，共三卷，辑录从雄略天皇到嵯峨天皇近 4 个世纪之间的
　　奇闻异谈。

欺骗民众，实在是贪得无厌。不管什么时候，总有这样的人存在，也从另一方面说明了酒有多么大的魅力吧。

酿酒屋的兴起

《万叶集》的《能登国歌》中有一首（卷十六，第3879首）是这样写的：

> 熊来酒屋里，有奴遭申斥，哇西！诱之到此地，
>
> 领之来这里，有奴遭申斥，哇西！[1]

这首歌写的大概是在酒屋帮工的一个私奴。写诗者看到在熊来酒屋做事的人总是被骂，不由得同情起对方来，说不如干脆到我这边来好了。这里出现了名叫"熊来"的酒屋，这也是"酒屋"这两个字第一次出现在文献上。

天平二十年（748）春天，大伴家持[2]巡查能登诸郡的时候

1　《万叶集》，赵乐甡译，译林出版社，2002。"哇西"是为补足节奏而加的"衬词"，没有实际意义。

2　大伴家持（718~785），奈良时代的政治家、诗人，《万叶集》的主要编者，也是该歌集收录作品最多的诗人。

也曾歌咏过熊来村。熊来自古就是奥能登的要冲，现在是石川县鹿岛郡中岛町（今七尾市）的熊木地区。位于此处的熊来津同样自古以来就是农民与水手交易的场所，在这里的熊来酒屋不知道具体如何（很可能是酿浊酒的地方），反正是酿酒的场所。

此后，酒屋就以人类聚集的地方为中心，在全国发展开来。到平安时代晚期为止，酒主要是在集市上交易的。在贵族体制崩溃，武士集团掌握政权，社会发生巨大变革之后，酒的买卖形式也发生了重大的变化，出现了本章要详细阐述的如今这种形态的"酒屋"。集市和自家酿的酒逐渐被淘汰，而酿酒屋则进入工商业之中逐渐发展起来，形成了能够创造利润的产业。

在 12 世纪中期，乡村也脱离了以物易物的交换经济，被货币经济所渗透。大概在 12 世纪末期，酿酒屋作为一类商业设施固定了下来。嘉祯元年（1235）的《明月记》中记载"土仓不知数，商卖繁荣"，可以看到酒屋已是全国开花了。永和四年（1378）足利义满在室町殿手握大权时，京都的酒屋最负盛名，人称"京都内外之酒"。根据应永二十二年进行的调查，"京都内外之酒"囊括了酒屋 342 家，其中有很多被称为"土仓酒屋"，是兼具金融业功能的酒屋。

品牌（商标）的诞生

在"京都内外之酒"中，最为出名的是"柳酒"。"柳酒"位于五条坊门西洞院，因为门前栽种着柳树，得名"柳之酒屋"。这家酒屋当时在京都最为兴盛，明德四年（1393），柳酒不仅缴纳了年税720贯，达到京都内外所有酒屋的一成，还在法华宗本妙寺复兴时，留下了捐钱1000贯的记录，看来这家酒屋的规模着实非常庞大。

规模仅次于"柳酒"的是位于五条乌丸的"梅酒"。文明十一年（1479）时，连当时的将军足利义尚都光顾了这家酒屋。

总结起来，此时的情形与之前所述的寺院酿酒时代完全不同，是一个受到利益推动，城镇酒屋野蛮生长的时代，所以也必然导致商战的发生。除了像"柳酒"与"梅酒"这样酒屋之间彼此较量的扩张竞争，也出现了品质竞赛与价格大战。

"柳酒"的店门口挂着很大的"六星纹"门帘，酒桶上也画着这个印记，写着"柳酒"的醒目字样。这可以认为是最早带着明确目的，将酒的品牌（商标）作为商品标识的表现。此后，就形成了如今这种酒屋在自己的产品上标上品牌，消费者也以品牌为标准选择自己爱酒的模式。

酒屋会为了打造自己的品牌而努力酿造好酒，这显著地提升了酒的质量。品牌的出现，对酿酒技术的发展也起到了明显的推动作用，还催生了许多关于酿造优质好酒的著作。比如《酿酒诀要》《伊丹摄津满愿寺屋传》《名酒酿造秘方》等，这类著作的数量在酒的品牌出现之后剧增。

酒的品牌就这样一个接一个地诞生了，后来纷纷成为后人耳熟能详的品牌。如今日本约有 1400 家酿酒公司，每家公司平均拥有约 5 个品牌商标，也就是说，日本酒拥有大约 7000 个品牌商标。

京都的酒屋
女孩到挂着酒林的酒屋来买京诸白。从右上的"阿姐回家酌酒"来看，女孩左手提着的箱子大概装的是空的贫乏德利（日式酒壶）吧［宝永八年（1711），《色雏之形》］

印在菰樽（酒桶）上的酒标
（《日本山海名产图会》）

　　酒屋在决定酒的品牌时，虽然也有像"柳酒"和"梅酒"这种用酒屋命名的情况，但最多的还是古往今来的吉利字眼。比如带有象征长寿的"鹤"字的酒名现在大约有 250 个，排名第一。排名第二的是"正宗"（读作 masamune）[1]。第三是"泉"，接下来是"樱""川""菊""井""山""月""花""云""梅""水"等。

1　"正宗"二字常被用为酒名，传说是因为经文中的"临济正宗"，此处"正宗"读作"seisyu"，与"清酒（seishu）"谐音。个人则认为是从"名刀正宗"得来，好刀必然是"锋锐"的，而自古以来，美酒乃至名酒的必要条件之一正是拥有"锋锐"的味道。——原注

在确定了这些字眼之后，再根据字面、语感以及印象找到能与关键字匹配的字，最终决定酒标。

酒屋的招牌

酒屋拥有了自己的商号和品牌，就需要一个能够让人认知的醒目标识，例如招牌和酒旗。这些标识大概是市场刚开始建立的奈良时代或平安时代出现的。因为不只是酒屋，那时候售卖所有商品的市肆（集市上陈列商品的地方）前面，大概都要放个引人注目的牌子。

"廛"这个字，有着售卖物品的"店"的含义。当时的市场上有许多店打着"廛市"的字样，比如"南海道廛"或"西市廛"，好像店名一样。人们把这些字样刻在木头上，或者印染在布上，就成了招牌或者门帘。当时的都城街市之中大概挂着许多这样的招牌。但酒屋的招牌真正成形，要到大阪作为商业城市开始兴盛繁荣、江户人口渐渐密集的江户初期了。

当时的招牌大多是用墨写在木板上，后来改为在木板上雕出字样，再涂墨或者上漆，越发像模像样。招牌的形状也是各有意趣，还出现了模仿商品品牌或者形状的吊牌。酿酒商会悬挂刻

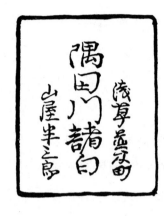

江户时代末期酒屋的招牌

这个时期的招牌上除了有酒的酿造地之外，还加了消费地的名称

着"上诸白"的厚木板招牌，零售酒的酒铺则会挂酒枡形状的吊牌。

　　到了文化、文政年间，两层建筑开始普及，挂在屋檐下的大型招牌随之出现。酒屋伙计的围裙和短上衣，灯笼与酒旗等地方也加上了酒屋的名字或者酒标。《和汉三才图会》中记载，"酒旗"指酒屋张挂的旗子，与中国传来的"酒望子"或"酒帘"是同义词。到了江户后期，除了屋檐招牌与吊牌这类常见的招牌外，还有袖招牌、菰樽（酒桶）招牌、幕招牌、门帘、酒旗、灯笼、壁牌、长明灯招牌、建植招牌等，基本一应俱全。

进入明治时代后，国家体制改变，卖酒的地方必须依照国家的命令，根据生意的种类悬挂特定的招牌。这类招牌要宽七寸八分，高三尺，分别写有"酒类销售所"与"酒类零售所"的字样。政府的目的在于通过不同的招牌，把当时相当猖獗的黑市酒或私酒交易摆到明处，彻底铲除这种非法行为。

明治四年，此前一直实施的酒株制度废止，想要从事酿酒生意的人此后必须先缴纳一千日元的预付金，付出了在当时相当昂贵的这笔钱之后，才能获得酿酒执照。获得执照的酿酒商都在寒冷纱（粗而硬的薄麻布或棉布）上印上自己的店名与商标，用木框张挂起来，甚至挂出当时十分贵重的铁皮招牌，来彰显自己获得了正式执照。

招牌就这样随着时代的发展而完善起来，它也并不仅限于作为标识或展示自己的存在，它成了对商品的宣传，进而成为关乎消费者利益的信息。

作为酿酒商的标识，最出名的就是"杉玉"。《和汉三才图会》中"家饰具"一项中，记载着作为酒屋招牌的"杉玉"。"近世，倭人所用酒幌多聚杉叶为束。其形如鼓。酒性喜杉，酒桶为杉木所制，并投木屑酒中。凡酿酒之家皆以此为识。"江户

前期的宽永年间，杉玉就成了酒屋的标识。杉玉是用杉树的叶子
扎成的一个直径约 40 厘米的大球，也称"酒林"。

　　直到如今，地方酿酒商的门前或者屋檐底下也经常能看到
杉玉，一般是球形的，也有鼓形、葫芦形或者人脸形的。

　　杉玉虽然说是酿酒商专用的标识，但有时批发商也会使用。
酒商在新酒上市的时候会把杉玉挂在屋檐下作为装饰，习惯成自
然，杉玉就成了通知爱酒客新酒上市的公告。如今这种特殊意义

酒林
众所周知的酒屋标识
（滋贺县高岛市今津町池本酒造）

几乎不存在了，很多酒商一年到头都挂着杉玉。

至于为什么要用杉树的枝叶，具体原因已不可考。我个人认为，可能源自和酒有着极深渊源的奈良县三轮神社。三轮神社中的杉树被称为神树，自古相传的神乐之一叫作"杉之舞"。传说巫女会手拿杉树枝叶起舞，向酒神敬献御酒。献舞之时，会由被称为杜氏祖先神的活日命唱起献酒歌。我想这是将杉树作为酒神神圣之体的一部分来崇拜的意思吧，而供奉在高处的杉玉则代表酒神的灵魂。

批发商与零售商的来历

酿酒业得到了发展，品牌之间争奇斗艳，那么在酒的流通过程中，第二重要的就是"批发业"。于是"酒问屋"出现了。在应仁之乱[1]后的京都，混乱的局面慢慢平静下来，商品流通也随之重新活跃，市场上出现了专做酒类买卖的专营店"请酒屋"，这大概就是如今酒类批发商的前身。请酒屋逐渐壮大，批发的性质进一步加强后，就成了"酒问屋"。

---

1 1467~1477 年日本发生的内乱，被视为战国时代的开端。

  "问丸"这种问屋组织的成熟，是在德川家康入主江户之后。江户进行了一番大规模的城市建设，人们像潮水一样涌入，酒也卖得飞快，专业的问丸随之出现。宽永十二年（1635）参勤交代制度[1]实施之后，江户成为全国最大的消费地，全国各地的物资都流向了这里。当时江户的酒以四斗樽来计算，一年消费50万至80万樽，其中七至九成是来自池田、伊丹、滩目、西宫的"下酒"，这些酒主要通过海路运输，运输主力是"樽回船"。

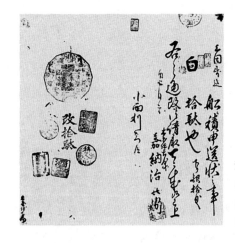

滩酒装船发货单
在把送去江户的"下酒"装上樽回船[2]后，酒屋会附上这样的发货单给江户的问屋

1　亦称参觐交代。日本江户时代一种控制大名的制度。各藩的大名需要每隔一段时间前往江户负责一些工作，其他时间返回自己的领土处理政务。

2　为运输桶装酒而专门改装的运酒船。

酒从各地源源不断地送来，就需要暂时储藏，为此还需要大量的仓库与货车。问丸应运而生，将这些资源整合，让酒的流通更加顺畅，后来成为"批发商"。

江户的酒问屋因为要收发樽回船，集中在如今的中央区新区、茅场町、马食町等地，其中一些甚至到今天还在经营。大阪一带，自古以来酒屋本身就承担了批发的工作，所以没有专门的问屋出现。如今的酒类批发商所实行的制度，正是从通过大量运输"下酒"而诞生的流通业而来的。

问丸收购大量的酒，不可能直接一一送到为数巨大的消费者手中，于是又出现了担任问丸与消费者之间中介的"仲买"，也就是零售商。这些零售商或是问丸经营者的亲戚，或是在问丸里干得不错的人，或是米商、吃食商的后代等。

当时的零售商也不像今天那样把许多的酒放在商店里卖，而是在门口打上"卖酒处""诸白"的招牌，把装了酒的大壶放在地上。酒壶上带着酒屋标识，客人们拿着被称为"贫乏德利"的日式酒壶或者小酒樽过来，店家用酒枡沽酒来卖。

酒的流通途径就这样固定下来，从酿酒商手中出发，到批发商，再到零售商，最后来到消费者手上，这个途径一直延续

江户新川的酒问屋一条街

运送新酒的船到达新川酒问屋街的情景。酒桶上的标记表明这是来自滩乡的七瓣梅伊丹酒和鱼崎酒（《江户名所图绘》）

到今天。现在全国大概有2200家酿酒商，15000家批发商，约176500家零售商，都要获得财务省的许可才能开业。实行许可制度是为了能够更方便地征收酒税，也是为了防止恶性竞争扰乱市场，同时更好地保护已经获得许可的商家们。

不过对酒的普及和扩大市场来说，从酿酒商、批发商、零售商到消费者的这条流通途径也有种种不利之处，如今也常见酿酒商直接卖给零售商，或者酿酒商直接卖给消费者的变通方法。

专职酿酒匠杜氏的出现

专门负责酿酒的匠人历史悠久。早在奈良、平安时代，就已经有专门负责造纸、制作漆器、加工金属、酿酒的"司"，在"司"中工作的专职匠人被称为"品部"。他们都是被称为"杂户"或者"杂工户"的民户，组织起来为政府工作。例如《延喜式》中的"造酒司"，就是由大和、河内、摄津的185户杂户组成，掌管这些品部的是造酒司官员"造酒佑"。

造酒品部是拥有造酒技术的特殊技能匠人，他们的职位是世袭的，与农民和商人、手工业者不同，并不交税。但是，若要说这些为政府工作的造酒匠就是如今杜氏的原型，从职业的产生和地位，以及劳动关系上来说还是有些牵强。

平安时代结束，"贵族酒"的时代就画上了休止符，中世的"僧侣酒""酒屋酒"开始出现，负责酿造"僧侣酒"的是寺庙里专门负责酿酒的僧侣们。他们都是知识分子，发明了种种技术，成为如今日本酒的奠基人。但造酒僧的本职自然是做僧侣，他们并没有为了酿酒而独立出来，以此为生计。"酒屋酒"则是民间酿酒，规模比较小，一般也就是酒屋的主人和妻子负责酿造。

杜氏的职责

元禄时期之前，酒屋的生产规模已经能够达到五百到一千石了，酒屋会雇专门的匠人酿酒。酒桶这类大型容器的生产发展迅速，酿造诸白的冷酿法成为主流，冬天的时候也更方便集中山民与渔民的人力，所以酿酒屋愈发兴隆。之前也讲过，幕府因为冬季酿酒能够利用劳动力，提高酒的产量且创造巨额的税收，对酿酒给予很大的奖励。

酿造诸白的匠人大致分为两种，一类是"藏人"，一类是"碓屋"。前者负责直接酿造，后者负责用足踏式石碓处理精米。

藏人又分为酿酒商委任一切酿酒事宜的最高负责人"杜氏"，其副手"头"，负责制造米曲的"麹屋"，制造酒母（酛）的"酛回"（酛屋），负责在蒸造场蒸米的"釜屋"，以及更下级从事各种工作的"上人""中人""下人"。此外还有"炊饭"，一般都是新来的少年人，负责所有藏人的伙食。

杜氏、头、麹屋，这三个职务被特称为"三役"，是所有藏人的核心。这个组织是效仿江户时代的乡村制度，名主（庄屋）、组头、百姓代为村方"三役"，下面是"本百姓"[1]，"水吞"（名子）[2]、下人。藏人的等级制度，以及各等级的名称，自江户初期形成以来到现在基本没有变化。这种制度维持了酿酒商与藏人之间带有温情的主从制度，但也带有封建的束缚意味，培养了藏人的忍耐性与服从性。

碓屋的组织分为"碓头""米踏""上人、中人、下人"与

1　拥有土地的村民，参与村政，有权使用村中的公共设施。
2　没有土地的贫民，做佃农或其他工作为生。

伊丹的酿酒场中在处理酿酒的原料

左上为碓屋，在踏碓捣米。一共有9架碓，一个白里放1斗3合5升糙米，一个人一天能够捣4到5白，9部石碓一天能捣5~6石米。糙米出精米率大概是90%，所以这个酿酒场地一年大概能酿700石酒（宽政八年，《摄津名所图会》）

"饭屋"，昼夜倒班舂米。他们的待遇和藏人差不多，经常不是日结固定工资，而是视精米产出量发工钱。碓屋进行的是每天脚踏石碓捣米的单纯重劳动，工作者的人数与藏人相当。酿造诸白的人数根据《童蒙造酒记》中的记载，"酒千石备十人，麹师之外，一人百石较难，须多备一定人手"。千石酒屋一般有 13~18 名藏人，加上碓屋，一共是 30~40 人。后来碓屋引入了捣精米的水车，需要的人手就少了许多，近代又引入了精米机，于是转变为藏人组织附属的"精米屋"，延续至今。

后来，农村劳动力减少，人们更多地向当地企业求职，杜氏制度也逐渐发生了改变。酿酒业苦于杜氏之下的人手不足，也开始不再依赖杜氏组织，而以当地的劳动力来填补。但是杜氏组织作为专职酿酒匠的传统是如此悠久，如果有朝一日崩溃了，也会造成很大的影响。所以现在有必要积极地培养年轻的酿酒技术人员，推进酿酒的自动化。

今天，杜氏组织有着自己的日本酒造杜氏组合联合会，用来共同商议雇工问题，协定赁金，交流技术并施行种种举措。上面的表格列出了主要杜氏组织的出身地与人数（现在杜氏与酿酒匠的人数比表上减少了许多）。

杜氏组织的主要出身地域与酿酒匠人数

杜氏组织名称	出身地域	杜氏及相关酿酒匠人合计（人）
山内	秋田县山内村（今横手市）	450
南部	岩手县全域	3150
越后	新潟县全域	3100
能登	石川县能登半岛	630
诹访	长野县诹访地区	500
丹后	京都府丹后町（今京丹后市）一带	170
越前	福井县全域	250
备中	冈山县西部地区	1000
城崎	兵库县城崎郡（今丰冈市）地区	300
丹波	兵库县多纪郡（今筱山市）周边	3100
但马	兵库县美方郡周边	3200
石见	岛根县滨田市周边	330
秋鹿（出云）	岛根县松江市周边	400
三津	广岛县安艺津町（今东广岛市）三津	700
熊毛	山口县熊毛郡（今周南市）周边	250
越智	爱媛县越智郡（今今治市）周边	260
伊方	爱媛县伊方町	230
芥屋（丝岛）	福冈县志摩村（今丝岛市）芥屋	160
柳川	福冈县柳川市周边	210

居酒屋的出现

卖酒给人喝，这门生意不知道具体是什么时候出现的，但在奈良时代，大路边的集市上就有酒买卖，可能会简单有个地方让人喝酒。不过奈良与平安时代除了庆典与仪式之外，恐怕比较少在外吃菜喝酒的情况。加上当时酒和菜肴都很贵，也并不容易买到，酒宴还是基本专属特权阶级的。

进入镰仓时代，酿酒技术更加发达，酒的产量提升，酒作为满足个人享受的饮品也在平民之间普及开来。建长四年（1252）下发沽酒禁令后，仅镰仓一带就留下了废弃37274壶装在油壶里的酒的记录，当时民间饮酒量之大由此可见一斑。

室町时代，酒更加平民化。酒宴专用的酒具固定下来，人们用酒桶装酒运输，会习以为常地和亲朋好友一起饮酒，酒也出现了"柳酒""梅酒"等品牌。

进入江户时代，街上就有了居酒屋。人们能够在酿酒屋直接饮酒，也有问丸从这些酒屋批发酒，然后卖给零售商"仲买"，零售商再卖给一般民众或者居酒屋，最后由居酒屋把这些酒卖给客人。

居酒屋一词最早出现在天正年间（1573~1592）。有些酿酒屋会在店前挂一块"供居酒"的招牌，让人们在店里站着喝酒，于是这样的酒屋就被称呼为"居酒屋"。后来，江户与大阪等城市改造，进行了疏浚水路等大工程，又因经常遭遇大火，使得许多土木建筑工人、匠人与人夫大量集中，自然出现了很多专门供人饮酒的小摊与店铺。会到这里喝酒的，都是没资格参加酒宴的人，比如年轻的伙计、跑腿、浪人等，《职人尽绘词》[1]（锹形蕙斋）等画作文献记录了当时的情形。

这种居酒屋此后越来越多，宽永七年（1630）江户还只有十几家，两百年后的天保元年（1830）就超过了两百家。天保改革[2]（1841）时，居酒屋一度被取缔，改成了点心店。幕末时代又在江户大阪等全国主要城市迅速发展起来。

从这个时期开始，更多的店不但卖酒，也卖下酒菜。这种店一般会挂"酒饭""酒饭屋"之类的招牌，悬挂绳门帘或红灯笼，绳门帘与红灯笼现在已经成了居酒屋的代称。幕末时代的居酒屋，一升上等酒卖12文，中等酒10文，普通酒6文。因

1　图解江户时代职业与风俗的卷轴。
2　天保年间幕府施行的幕政和藩政改革，与享保改革、宽政改革并称江户时代的三大改革。作为禁止奢侈的具体措施之一，废止居酒屋。天保改革最终导致经济混乱，引起社会各阶层的不满。天保十四年（1843）九月，改革失败。

为最少只要 6 文钱就能喝一升酒，现在还有不少居酒屋叫"六文钱"。

和居酒屋差不多同时，"游郭"[1] 也出现了。游郭始自丰臣秀吉执政的天正十三年（1585），后来由德川幕府继承并改造，至江户时代迎来全盛期。

在游郭里，男人们找游女寻欢，即使在大白天，也能享受豪华料理，饮酒作乐。进入元禄年间，游郭附近出现了"茶屋"与"饭盛旅笼"，这些地方也可以吃菜喝酒，男女行乐。另外，以提供酒菜为主的"料亭"也深受欢迎，边喝酒吃美食，边看戏剧、鉴赏歌舞伎或观看相扑的优雅酒会十分流行。江户三百年，和酒相关的各种生意都十分繁荣。

到了明治时代，新政府颁布了五条酿酒规则，在酒的流通、饮用等方面也制定了相应法规，以法律管理酒业，让相关业态都进入近代化。

日本男人自古以来都羞于把家族（家庭）放在第一位，并认为不顾家是一种美德。在这种工作第一，陪同事与上司才更

1　俗称花街，由官方建立并准许经营的风俗区。

为重要的风气之下，加上漫长封建时代的男尊女卑思想，男人在家庭之外喝酒的机会自然很多。即使是进入民主社会，男女同权之后，这种男人在外喝酒的习惯还是根深蒂固的。从江户开幕到现在是 460 年，应该说日本的这种饮酒状态也延续了460 年。

第六章　赛酒

赛酒大会

江户时代比赛酒量的大会。"酒上之牧""二三升不在话下之助""喝不停吞九郎"这种诨名很有意思（东京农业大学酿造博物馆藏）

樽回船与番船竞赛

我们在第三章已经讲过，江户时代"下酒"的运输是通过船运进行的。这些船队会以江户为目标，展开一场激烈的竞速大赛。获得优胜的船会得到奖金，获得特殊的待遇。这就是"番船竞赛"。此前，把茶叶从中国运到英国的帆船就举行过著名的"运茶大赛"，不愧是浪漫的海之男儿展开的竞争。

进入江户时代后，江户很快成为酒的一大消费地，酒从池田、伊丹、西宫、滩目、今津乡这些生产地大量运输过来。一开始，酒是装进酒桶后用牛马来运输的，多数时候是一匹马两边各挂一个四斗樽（或者是一边挂两个二斗樽），走陆运通过各地宿场送到江户。但是在江户人口剧增之后，酒的需求大增，陆运速度太慢，无法满足需要了，于是海上运输应运而生。

元和五年（1619），堺的商人在纪州富田浦雇了一艘运量为

250石的船，从大阪装载了酒、酱油、醋、和纸、锦与布等商品开往江户，开启了上方地区与江户之间最初的货物漕运。这种商人雇来的纪州商船人称"菱垣回船"。船舱里装载桶装的酒、醋、油、酱油等重物作为压舱，甲板上堆垒和纸、榻榻米、布等轻货，船舷边排列着垣立（防止货物掉进河里的格子木板），垣立的格子是菱形的，所以称"菱垣"。元和五年是德川家康的第十子被任命为纪州藩初代藩主，进入纪州的时间。

元禄七年（1694），江户的商品批发商"问屋"成立了行业联合会，也就是"十组问屋"（后来发展为二十四组问屋），纪州几乎所有回船都加入了这个联合会，成为其专属的菱垣回船。菱垣回船团成了一个很大的势力，在江户与大阪间不断往返。但是在享保十五年（1730）的时候，因在货物堆放、共同海损（如今的损失保险）等问题上发生了许多纠纷，酒问屋脱离十组问屋独立出来，从此他们的船只运酒，也只负责酒的生意。所以从元禄二年到享保十五年的菱垣回船运酒历史就到此结束了。

酒问屋雇的回船运输的基本都是酒樽，所以叫"樽回船"，自此之后，樽回船成为把酒运往江户的绝对主力。菱垣回船以

菱垣回船
幕末时期由外国人
拍摄的珍贵照片
(《日本生活文化
史》第6卷)

米、糠、蓝靛、面、醋、油、酱油等日用品为中心，樽回船成为
运酒专用船，两种回船之间定下了积载货物协定，马不停蹄地向
江户运输物资。

樽回船最兴盛的时候，每年运送一百万樽伊丹、池田、滩
目、西宫酒，这一方面表明下酒在江户有多么畅销，一方面也有
之前提及的"番船竞赛"的缘故。人们把当年出产的新酒装桶载
上船，一齐启航驶向江户，竞争抵达的头名。新酒的味道虽然还
没有圆熟，但香气是最好的，人们就算花高价也愿意买来尝新，
这就是江户人的豪气作风。当时的江户把当年新出的下酒看得和
正当时节的第一批鲣鱼一样珍贵。

"番船竞赛"出航是在初冬，也就是现在的十一月或十二月。上一年的寒造酒储藏了一个夏秋后，成为熟成酒，在这些酒进入市场之前，把今年酿的新酒挤轧出来，不等熟成就装进酒樽，装上酿酒屋自家的或是关系紧密的问屋的樽回船。参加竞赛的船叫"一番船组"，最少有7艘，最多可以达到15艘。一番船组当年的首次启航，宽保三年（1743）是在九月五日，天明三年（1783）是十月十一日，文政六年（1823）是十二月五日，可以看得出在不断推迟，这是因为用寒造法酿成的新酒每年都要比上年推迟一些出货的缘故。越到后来，新酒不只香气浓，酒味也越来越浓郁。

定下了出航日期后，装载了新酒的一番船组会在西宫集合，大行司（裁判）严格检查每一条船有没有违反规则，是不是装载了规定的货物量，合格之后颁发参赛资格。参与船只集齐之后，极印元（酿酒屋）与酒问屋、回船问屋的相关人士聚集在一起，举行祈祷航海安全的出发仪式。等到大行司旗帜一挥，所有船就一齐解缆启航。看热闹的人与送别的人会向船上的人大喊鼓劲，锣鼓喧天，回船问屋则在船只起航之后，立刻派信使前往通知江户的问屋。

宽政二年（1790），有三艘西宫船与四艘大阪船共计七艘船集合到西宫，于十一月六日启航。一般来说即使是快船，从西宫到江户也要开十天，然而一番船组只用五天就走完了全程，这除了高明地利用了风力，掌舵技术也要非常优秀才能办到。这一年的第一名由大和屋三郎船（大阪）获得，第二名是纫屋十次郎船（西宫）。（船名由樽回船问屋的主人命名，而不是船老大的名字。）

一番船组在抵达品川时，不等下锚就把酒樽运上传马船，再马不停蹄地运往终点大川端问屋。抵达的先后顺序由江户的大行司来判定。根据《运酒的纪州回船》（松本武一郎，《日本酿造协会杂志》第 77 卷 7 号）的记载，获得第一名的船只会收到来自多方的昂贵礼物，船员也会获得高额的特别奖金，还会得到整整一年的各种特权。

等一番船组全部抵达后，江户问屋的行司与耆宿们会带着御膳酒（如今宫内厅的御用酒）作为慰问酒来到船上。几十艘"濑取船"（负责从大船上把货物分散运到别处的小船）或"大茶船"（运输茶叶的船）立起大旗，停泊在番船旁边。船上忙忙碌碌地按运输传票把货物分别运到小船上。

　　把酒移到濑取船上，靠岸之后，也不能立刻卸货，要等挥旗发令。等各个问屋做好了卸货的准备之后，濑取行司在新桥、中之桥一带挥旗发令，旗语按顺序传递到码头。把这些新酒搬进仓库也是一大看点，是向江户百姓展示新酒到货的绝好时机。新川上各处都搭起了连接仓库与濑取船的跳板，对最爱看热闹的江户人来说，把酒樽搬进仓库的速度竞赛看头十足，大家争先恐后地聚集过来，现场热闹非凡。

　　问屋的主人们还在深川的料亭"平清"召开宴会，对今年的新酒进行评估，以决定新酒的价格。新酒到货的酒库打起蓝色的旗子，开始给老客户零售商发送"配酒"（预订好的酒），零售商也迅速地把货物一升两升地送到客户那里去。

　　宽政、文化年间，是番船竞赛最繁盛的时候，樽回船在此后一百年里都很兴盛。天保四年，酒樽运输的职责又交还给了菱垣回船，这是因为纪州藩出面向幕府要求增加使用菱垣回船的缘故，以及樽回船问屋内部的各种原因。天保改革时（1841），船会解散，后来明治维新前夕又出现了西洋帆船与蒸汽轮船，让运输界发生了翻天覆地的变化，回船就此退出历史舞台。由此再过180年，如今我们连酒樽都不用了，把酒装在玻璃瓶或者纸盒里，装上重型卡车，沿着高速公路，迅速地运到日本列岛的各个地方去。

酒合战

"酒合战"（赛酒大会）这种竞赛古已有之。最早的记载是平安时代在宫中由八位公家众[1]进行的御前比赛。这场赛酒大会于延喜十一年（911）六月十五日在亭子院举行，藤原伊衡喝了整整八大杯仍然若无其事，获得了宇多上皇御赐的宝马。到了近世，在川崎的大师河原举行过一次十分有名的赛酒会，赛况堪称激烈。双方分为东西两军，据东军大将茨木春朔的《水鸟记》记载，庆安元年（1648）八月，16名东军，14名西军举行了这场大赛，最后以东军胜利告终。

大田蜀山人[2]的《后水鸟记》中，记载了一场被称为"千住酒合战"的赛酒会。根据他的记载，这场比赛与大师河原的酒合战不同，不是竞争哪个团队留到最后的团体赛，而是个人赛。比

1　贵族官员。
2　江户后期文人、狂歌师。本名大田直次郎，号南亩、杏花园、四方赤良。蜀山人是他往年的别号。

赛举办于文化十二年（1815）十月二十一日，有100余人参加。竞技会上使用的是严岛杯（5合）、镰仓杯（7合）、江岛杯（1升）、万寿无量杯（1升5合）、绿毛龟杯（2升5合）与丹顶鹤杯（3升）。每个参加者都有专人计数，三名柳町的艺伎斟酒，最后按杯数结算。

结果，一个来自野津小山的男人佐兵卫喝掉了3个绿毛龟杯（7升5合）的酒，获得优胜。第二名是会津的浪人河田，喝了6升2合（河田是在旅途中听说赛酒会的事，觉得很有意思就来参加了。他从严岛杯喝到绿毛龟杯，一共喝了6升2合，正要拿丹顶鹤杯来喝的时候，突然有急事，必须得离开）。第三名是马食町的大阪屋长兵卫，喝了4升5合。

这种大型赛酒会一般都会请著名文人到场，担任见证者，并留下记录，因此参加竞赛者的酒量可以说是不容置疑的。除了蜀山人之外，像儒士龟田鹏斋、画家谷文晟都担任过见证人。

赛酒会的最高纪录出现在文化十四年（1817）三月二十三日，那一天在两国柳桥万八楼的赛酒会上，芝口的鲤屋利兵卫喝了6个3升杯（合计1斗8升）获得优胜，这个纪录之后再也没人打破过。利兵卫当时 30 岁。

酒合战还有另一种形式，是比谁喝得快。这最早是来自宫中的一种礼仪。《亲长卿记》（室町时代）中记载有"十度饮"竞赛。一共 20 人参加，左右各站 10 人，轮流上前喝掉 5 杯酒，喝得快的一方为胜。亲长卿也参加了这种竞赛，还记下因为喝了酒，无法完成值宿的职务工作，这一天从宫中早退回家了。

昭和 2 年（1927）春天，埼玉县熊谷进行的"熊谷酒合战"十分著名，只要交 2 元 50 钱就能参加。获得冠军的是熊谷的某位居民，喝了 1 斗 2 升；第二名是位名叫"乙女"的女中豪杰，喝了 9 升 5 合；第三名是在加须町役所工作的中川，这位老先生当年已经 72 岁，仍然喝了 7 升 5 合，可谓老当益壮。

现在已经很少有这种比赛酒量大或者喝得快的竞赛了，毕竟社会环境发生了巨大的变化，酒已经不是难得的贵重品。而且这类竞赛很容易发生急性酒精中毒之类的事故，举办者怕承担责任，毕竟参加者的健康是应该放在第一位的。

过去这类"酒合战"，是在酒的供应量不足时，给人们一个放开顾虑尽情喝酒，或者以看别人尽情喝酒为乐的舞台，是一种消除人们物质上不满足的压力，祈祷丰收与世态繁荣的庆典。这与如今的年轻人叫着"一口闷、一口闷"的拼酒是大不相同的。

唎酒赛（品酒赛）

可能有不少人听过"唎酒（kikisake）"这个词。这个词的意思是通过人的眼、鼻、口等器官，对酒的色香味进行品鉴。"唎"字并没有被收录在汉和辞典里，可能是用"左利手"（左撇子）、"右利眼"（惯用眼是右眼）的"利"，加上偏旁"口"，表示来"以口评定"的意思。

那么，为什么要用"kikisake"（音同"闻酒"）来表示品酒呢？我调查了这个词的语源，似乎就是"闻"。"闻"是属于耳朵的感觉，不知从何时开始，也与"嗅"这个属于鼻子的感觉混合在了一起，成为带有情绪的表现。《今昔物语》中有一节叫作"鼻之所闻"，《无量寿经》（净土教奉行的基本经典之一）中有"见色闻香"之语。谣曲《弱法师》[1]中有"啊，已闻梅花香"一句，传递着难以言喻的风情。闻到味道就写作"闻香"，表示

---

[1] 能剧剧目之一。左卫门尉通俊听信小人谗言，将其子俊德丸赶出家门，俊德丸因伤心过度而哭瞎了双眼，以弱法师为名，在外乞讨过活。

"闻到香气"的意思。

从"闻"这个词而来，表示更广义上的"试味"，综合起来，就成为"唎酒"。以鼻子闻酒香，以口尝酒味，以眼看酒色，"闻"酒的全体。

"唎酒"的竞赛从室町时代就有记载，可谓由来已久。参加的人首先要去除杂念，集中精神，在短时间内用五感辨别酒的性质，记忆下来，判别酒的种类。这种记录一直持续到文明六年（1474）。这种竞技又称"十种酒"，是既有游戏要素又相当显示素养的竞技，比起单纯比谁喝不醉更有高度，因而深受瞩目。竞技的规则与玩法和平安贵族之间流行的"十种香"（香道竞赛）十分相似，这一点也很有趣。《后鉴》（卷二百二十，《义尚将军记》）中文明六年六月二十八日记载有一条"准后家御参内，有十种御酒宴"，《亲长卿记》也记载"十种酒大略如十种香"。

"十种酒"由十个人参加，分为左右两队，各设一名酌酒人。酒元（主持人）指定三种酒，由酌酒人倒给参赛者，参赛者品酒并记下酒的特点。再摆上十种不同的酒，参赛者再品酒，然后把品尝的结果用笔写在纸上，由猜中的数目决定胜负。《亲长卿记》中记载，左方有陛下（土御门天皇）、前将军义政的夫人富子，右方有室町殿（前将军义政）与式部卿宫等人，一共十人，连酌酒人与主持的名字都记录了下来。这一天天皇所在的左方"御负"，也就是输了。后来二十九日的时候又举行了一次"十种酒"，天皇这一队又输了。

这种唎酒竞赛一直持续到江户时代中期，后来消失大概是十种香更加流行，以及酒道开始盛行的缘故。如今，它成为全国各县的酿酒行会，以及日本酒造组合中央会举办的品酒赛的一环，有都道府县对抗赛唎酒选手权大会，全国唎酒选手权大会等。

酒品评会

到了明治时代，文明开化风潮吹遍各地，到处都在召开博览会、参观会、品评会与竞赛会。日本酒行业也在明治 40 年（1907）10 月举办了"第一回全国清酒品评会"。主办方是由全国酿酒业者与大藏省相关官员组成的财团法人日本酿造协会。

会场定在三年前设立的国税厅酿造研究所（现在的独立行政法人酒类综合研究所。从建立到平成 7 年（1995）7 月都在东京都北区泷野川，那是面对着赏樱名处飞鸟山公园的观景胜地）。第一届大会共收到 2138 件申请，获得极大成功。当时全国共有 8000 多家酿酒商，考虑到交通和运输都不太方便，可以看出整个行业都对这次大会抱有强烈的期待。

从此之后，品评会一年举行一次，规模更加盛大，成为全国酿酒业者竞争与展示技术的舞台，同时也是行业里最大的盛事。审查非常严格，第一届品评会优秀奖只有 5 名，一等奖 48 名，二等奖 120 名，三等奖 528 名，参与者获得优秀奖者之比达到约 430 比 1，"战况"可谓激烈。在大会上得奖，对酿酒商来说是最高的荣誉，有着无与伦比的宣传效果，对销售也有极大的推动作用，所以全国的酿酒商都为了酿出参加大会的酒而拼命努力。

这种竞争自然会提升酒的质量，全国的酒藏每年都酿出更为优秀的酒，品评会对促进日本酒行业的发展可以说功不可没。如今大家都耳熟能详的"吟酿酒"，就是从这个品评会中产生的优秀作品。

日本酿造协会主办的品评会规模逐年扩大，昭和 9 年（1934）举办的第 14 届大会共有 5169 件参赛作品，第 15 届表彰大会在东京宝冢剧场召开，盛况空前。战争开始之后，国际形势

第一届清酒品评会
（明治40年）的奖状
（秋田县两关酒造藏）

变得紧张，昭和13年（1938）政府开始对日本酒生产进行管制，到了昭和14年（1939）二战爆发前夕，局势愈发严峻，酒业大幅减产。在这一年，已经延续了30年的全国清酒品评会不得不因战时经济管制而暂停。

待太平洋战争爆发，别说品评会了，整个酿酒业都受到全面管制，进入休眠状态。战争结束后不久的昭和24年，为了纪念会馆落成，日本酿造协会将品评会改名为"全国优良酒类评鉴会"，宣告了盛会的复活。评鉴会至昭和26年（1951）共举行3届，后又暂时中断，直到昭和36年（1961）东京农业大学召开"全国酒类调味食品品评会"，才继承了品评会的重要职责。由大学来举办这种全国规模的酒类品评会实属异例，这也体现了这所大学的宗旨——实干主义，所以获得极大的好评。这个品评会一直开到昭和51年（1976），一共开了15届，不仅对酿酒公司本身是一种激励，对为继承酒藏而专攻酿造学的学生，以及酿酒公司的技术人员都有很大的教育作用。

现代召开的品评会中，最为传统权威的是财务省国税厅主办（如今是酒类综合研究所与日本酒造组合中央会共同主办）的"全国新酒评鉴会"，拥有一百年以上的历史。之前日本酿造协会与东京农业大学主办的品评会是在酒已经"熟成"的秋季召开，是"秋季品评会"，而新酒评鉴会是"春季品评会"，对刚刚酿成的新酒进行品鉴。明治四年举办第一届，之后即使经历大战也未曾中止，坚持每年举办（只有昭和20年时由于东京被烧成一片瓦砾，停办了一届），如今仍然在继续。

为这个评鉴会担任审查员的是国税厅酿造研究所的技术官员，或者是全国国税局的鉴定官，审查场所是在泷野川的酿造研究所，每年5月召开时，全国酿出的酒都会送到这里。审查后会决定金奖与银奖归属，获奖酒在日后公布，称为"一般公开"。

在一般公开日，除酿酒商外，批发商、零售商和感兴趣的酒店料亭店主都会到会场上亲自品酒。参赛的酒品类众多，摊位从国税厅酿造研究所的广阔中庭一直排到门口，有长长的一百多米。获得金奖的酿酒商欣喜若狂，而没有获奖的酿酒商与杜氏虽心有不甘，但会把这种不甘化为动力，争取下一年取得好成绩。

评鉴会由审查员用眼、口、鼻进行评鉴，也就是所谓的直观感受鉴定法。酒具是容量为200毫升的瓷质茶碗"唎猪口"，由白瓷制成，杯底带有两个深蓝色的同心圆花纹，可以很好地看清酒液的混浊度和颜色。品鉴时倒入日本酒到七分满，首先赏色。酒是"清澈"还是"模糊"，是否"锐利"，颜色的浓度是否适度，都要谨慎地观察。关于颜色的唎酒用语有二十多个，"清澈""锐利""朦胧""有光泽""色泽好""白朦胧""混浊""呈琥珀色""呈山吹色"等。"清澈""锐利"表示透明度高，"朦胧""混浊"则相反。审查员会用这些术语，把所品鉴之酒的颜色记录在审查手册上。

接下来，审查员会把唎猪口放到鼻子边，静静地嗅闻气味，品鉴气味的性质、强弱、特征、"吟酿香"的有无与强弱、"新陈"、是否有"瓶子味"等。唎酒的这类用语是非常多的，因为酒的气味就是这样复杂而多样，如"米曲香""新酒花香""吟酿香""甜香""木香""果香""酯香""炭臭""过滤臭""陈香""呕吐物臭""火落臭""瓶子臭""霉臭""酸臭""硫化氢臭""油臭""焦臭""金属臭""异臭""橡胶臭""陈米臭""腐败臭""阳光香""日晒臭""醛类臭"等。

审查员能够嗅出所有的气味。日本酒拥有十分复杂入微的气味，哪怕只是轻微的异味，都会对质量造成很大的损害，所以有关酒香的用语不仅能表示优点，有一大半甚至是表示短处与缺点的。一般情况下，形容好的气味就是"某某香"，不好的气味就是"某某臭"，但是唎酒用语里即使是不好的气味，也有叫"某某香"的情况。

嗅过了气味，接下来审查员会将少量的酒（5~7毫升左右）含进口中，在舌头上滑动，品味口感与味道是"醇厚"还是"圆润"，是"浓郁"还是"淡薄"，是"青涩"还是"陈厚"。

如果酒在口中停留得太久，唾液就会稀释酒液，酒精也会被人体吸收，所以这时只含5到10秒钟。

与味道相关的专门用语大概有70多种，代表性的有"浓郁""味道丰富""丰满""圆润""浓郁""膨胀""细腻""流畅""多变""口感好""朦胧""舌触感""轻""重""适口""青涩""成熟""陈""新""紧致""淡薄""过浓""单薄""松懈""甘甜""辛烈""朴拙""酸""苦涩""味杂""稠糊"等。在记录的时候，也不会只写"甜口""辛烈口"这些词，而是会写"余味甘甜""微带苦味的辛烈口"等。

尝过味道后，审查员会把酒吐到容器里（这个容器叫"唾壶"），用嘴巴吸气，从鼻子呼出，再观察此时感受到的气味。每位审查员都要审查好几百种酒，所以唎酒时绝不能让酒过喉（把酒喝下去）。不然一旦喝醉了，会影响对酒的品鉴能力。

审查结束后，以香气、颜色、味道来打分，最后取总分。1分为最佳，2分为良好，3分为普通，4分是不佳，5分是较差。得分越低越说明是好酒。如果遇到同分，就进行"决审"，专门对同分的酒进行评审，最后决定所有的顺序。

假如参赛作品一共有2000种，那么第1名到第100名获得金奖，第101名到第300名获得银奖。

那么，到底什么样的酒才能获得金奖呢？用一句话来说，就是"具备优雅的芳香，酒味高雅且无一丝杂味，甜味与酸味取得完美平衡，口感鲜明的酒"。酿出这样的酒是酿酒师的梦想，

日本酒的特定名称标识要求

特定名称	使用原料	精米步合	米曲使用率	对香气、味道的要求
吟酿酒	米、米曲、酿造酒精	60% 以下	15% 以上	吟酿酿酒法特有的香气、味道，色泽良好
大吟酿酒	米、米曲、酿造酒精	50% 以下	15% 以上	吟酿酿酒法特有的香气、味道，色泽良好
纯米酒	米、米曲	—	15% 以上	香气、味道、色泽良好
纯米吟酿酒	米、米曲	60% 以下	15% 以上	吟酿酿酒法特有的香气、味道，色泽良好
纯米大吟酿酒	米、米曲	50% 以下	15% 以上	吟酿酿酒法特有的香气、味道，色泽良好
特别纯米酒	米、米曲	60% 以下、使用特殊制造方法（需要详细注明）	15% 以上	香气、味道、色泽特别良好
本酿造酒	米、米曲、酿造酒精	70% 以下	15% 以上	香气、味道、色泽良好
特别本酿造酒	米、米曲、酿造酒精	60% 以下、使用特殊制造方法（需要详细注明）	15% 以上	香气、味道、色泽特别良好

　　日本酒造组合中央会为了防止不正当竞争，维持公平竞争的秩序，同时也为了帮助消费者选择商品，规定在标明日本酒特定名称时，必须满足使用原料、精米步合、香气、味道等必要条件。例如，如果想要在清酒上注明"纯米大吟酿"，就必须满足原料只有米和米曲、精米步合在 50% 以下、使用吟酿酿酒法酿造、拥有符合标准的香气与味道这些条件。

他们为了在评鉴会上获得好成绩，付出了长久的努力。如今大为流行的吟酿酒就是因此而产生的。

以前，吟酿酒是专门为了参加品评会而酿造的酒，几乎不对市面售卖。于是日本人在很长时间里都不知道原来还有如此出色的一种酒，某种意义上来说这是个遗憾了。不过在1980年左右，吟酿酒开始逐渐进入市面售卖，如今已经变得很容易得到，对爱好者来说，着实是一种福音。

吟酿酒是为品评会而诞生的近乎艺术的酒，是竞赛酒，有着与之前我们熟悉的日本酒非常不同的风味。它们拥有着与蜜瓜、香蕉、苹果近似的芳香，这香气就是吟酿酒的生命所在，被称为"吟酿香"或者"吟香"。当然不是所有的吟酿酒都有这样的香气，有些香气十分微弱，有些几乎没有香气。

为了拥有这样的香气，吟酿酒要以特别的米为原料，用特殊的米曲进行超低温发酵。说到底，就是要看酿酒的杜氏的技术。如果没有这样的香气，就不可能在品评会上获奖，各家杜氏在酿造吟酿酒的时候几乎是夜以继日，在米曲的制作与酒母的管理上付出了全部的精力。

要酿出吟酿香，首先需要有特别栽培的、最适合酿酒的高价稻米（如"山田锦"[1]等），然后把糙米的外层都磨去，磨到只剩50%以下的米心。我们饭桌上吃的大米不过是糙米除去10%左右的糠皮（精米步合90%），吟酿酒则必须使用精米步合40%~50%的米。磨到这个程度的精米，已经从本来的椭圆形变成了圆圆的小颗粒，像小玻璃珠一样近乎透明。米曲也用的是被称为"突破精型"[2]的特殊新鲜酒曲，再使用吟酿酒用的清酒酵母，在10摄氏度以下，以接近理论上发酵极限的温度来发酵。

吟香也会因为指挥酿造的杜氏技术不同而千差万别。全国各地的酒藏诞生了许多在品评会或评鉴会上获奖连连的名杜氏。各家杜氏也将酿出吟香的方法视为酿酒业的高级机密，很少对外人传授。

当然，吟酿酒重视的不只是吟香，味道也很重要。毫无杂味的高雅醇和或清爽的味道，完美平衡的甜味与酸味，以及适中的爽口感，都是十分必要的。评鉴会上味道也是评分要点之一，杜氏在酿造的时候都会极其留意。

1　特别选育的非常适合酿酒的稻米品种，拥有心白大、蛋白质少、外层硬度高方便研磨的特点。

2　酒曲的一种，制作时霉菌以点状侵入米的表面，而不是大面积覆盖式侵入。

　　如今，我们已经开始使用现代化学手段，尝试彻底查明吟酿酒香气与味道的生成机制。关于发酵中吟酿酒酵母的生理状态与酶类物质，我们已经有了系统研究，但是仍然有许多东西尚未查明。吟酿酒真是神秘的梦幻之酒啊。

第七章　日本酒与酒器

比较特殊的酒杯

上图两个是"可杯"，杯底有洞，喝酒时必须把酒喝光才能把杯子放在桌面上；下图左侧的酒杯倒满酒就会有骰子浮起来，人们以骰子点数为戏；下图右侧的酒杯倒了酒就会浮现美人的脸

酿酒之器、酒殿与酒藏

划归酿酒使用的特定建筑叫作"酒殿"。古时酿酒最主要的目的是供奉神灵，所以一般设在神圣的神社范围内。这里展示的是国宝春日大社的酒殿平面图。我曾实地走访过春日大社，以古代的建筑来说，酒殿的墙壁很厚，内部不容易受到外界气候的干扰，屋檐与天花板也做了很多阻止空气流通的装置，看得出是以酿酒功能为最优先的特殊设计。

人们在土间[1]用石臼捣作为原料的稻米，将捣好的米用清水洗净，上蒸笼蒸熟，再在板间[2]制造酒曲。当时的建筑更多使用榻榻米，春日大社的酒藏也有铺榻榻米的地方，看起来有些奇怪，但这是因为后来这里改造成了放置祭祀用具的祭器仓库。在作为酒殿使用的时代，现在铺着榻榻米的地方也是三合土地面，

1　日本建筑中，屋内没有铺地板，或是只铺了三合土的地面。
2　日本建筑中，屋内铺了木质地板的地面。

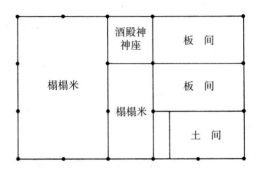

春日大社旧酒殿平面图（《日本酒的历史》）

建筑面积：24坪5分（81m²），长：42尺（12.73m），宽：21
尺（6.36m），高：17尺5寸（5.30m），椽长：17尺（5.15m），
桧皮葺[1]屋顶面积：67坪8厘（221.7m²）

放置着许多酿酒的"酒瓮"。

　　根据《春日神社本社、摄社、末社诸建筑明细书》介绍，
这个酒殿是"清河天皇贞观元年（859）创立，初称元酒殿，殿
内设有酒神坐镇"。在《续日本纪》第十八卷关于孝谦天皇的记
载中，天平胜宝二年（750）二月十六日，天皇"巡幸春日之酒
殿"，可见那时已经有春日大社酒殿的前身存在了。9世纪初，
春日大社作为藤原一族供奉祖先神之处，风光一时无两，是许多

1　日本独特的建筑技术，将桧树皮割成细条堆叠在屋顶上。

盛大祭典的举办地。祭典需要供奉神酒，酒殿就为酿造这些神酒而存在。有许多神乐歌与酒乐歌歌颂当时的盛况，例如在殿中捣米的舂米女的"酒殿歌"："乐浪风光美，志贺辛崎边。春稻女儿好，情郎知不知。"舂米女用绳子挽起长长的衣袖衣摆，不断地进行着把糙米捣成精米的重体力作业，酒殿里也回荡着她们为了鼓劲而唱的歌谣。

　　舂好的精米洗净之后蒸熟，与米曲和水一起放进酒瓮里。在酿酒工作中，留下了这样一首有趣的酒殿歌："酒殿朝朝扫，舍女挽衣襻，朝朝净与洁。"意思是说酒殿中酿酒的女人们是如此忙碌，她们挽起衣袖，每时每刻都把酒殿及其周围擦得干干净净。从这首歌中可以看出酒殿必须要常保洁净，也看得出当时的人已经知道为了酿出好酒，需要保持酿酒场地的清洁。年轻的女人们还在广阔的酒殿里，和男子进行着秘密的恋爱："酒殿宽且广，隔瓮牵我手，尚未答允汝。"

　　下图为一千年后，天保六年（1835）一家酒藏的平面图。为了方便作业，储藏酒、让酒成熟的仓库是二层建筑，但是普通的二层楼会影响换气，于是墙壁中间就留出了很大的空间，以改善建筑物内的空气流通。到了夏天，酒藏里也要保持较低的温

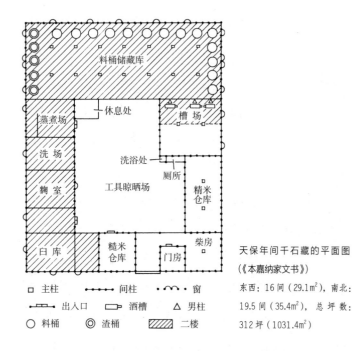

天保年间千石藏的平面图
（《本嘉纳家文书》）

东西：16 间（29.1m²），南北：
19.5 间（35.4m²），总坪数：
312 坪（1031.4m²）

度，为了尽量隔绝太阳的热量，屋顶铺的瓦非常厚实。

　　为了调节库内的温度，也为了换气，酒库有许多窗子。这些窗子基本是双重结构，外面是木质的窗板，里面是纸糊的格子拉门。

　　如今我们的酒窖已经基本是钢筋混凝土结构，不会再用土砖了，但酒窖的基本构造与设计却与当初没有太大区别。毕竟出发点都是为了酿出优质的酒，今人也继承了古代酿酒人敏锐的观察力与智慧吧。

这张平面图所示的酒藏，一年的酿酒规模以原料米表示是一千石左右，所以被称为"千石藏"。一天大约会消耗10石左右的原料米。由于当时寒造法已经普及，酿造日期被压缩到了100天左右，酒藏里的工作恐怕是很忙碌而杂乱的。能够支撑酒藏做到如此大规模的，一是已在碾米时引入水车，二是酿造用料桶的大型化。

这两点可以说是基点，有了它们，才确立了如今酿酒业的工场制手工业形态。在此之后，单个酒藏的酿酒量得以飞跃式提升。滩目御影村的嘉纳治郎右卫门家，就是在文化、文政年间生产量突飞猛进的典型，文化三年（1806）的产量还只有4230石，文化十一年（1814）就已经是原来的三倍左右，达到12576石。

两百年后的今天，滩地区和伏见的大酿酒商都已拥有6层甚至8层楼的酿酒工厂。原料米在最高层卸货，经过洗净、沥水、蒸熟、冷却、制米曲、发酵等一系列工艺流水线处理，实现工业化的持续酿造，在不锈钢的大罐中慢慢发酵变成美酒。如今多数大酿酒商常年使用冷气，让工厂一年四季气候如冬，四季都可以酿酒。

乡村的小酿酒商仍然会使用传统的土藏，各地酒藏条件自然不尽相同，但是只有具备了最根本的条件，才能满足酿酒的需要。所以不是拥有了气派外观的酒藏，就一定能酿出好酒来。

酿酒器

酒是液体，所以容器是酒诞生不可缺少的要素，有了容器，才能酿酒。原始狩猎时代，人们酿浆果或坚果酒时，用的是由大型贝壳、木头挖成的容器，或者动物的骨板。

到了陶器时代，最早的陶器叫绳文式陶器，是外壁带有绳文、头宽底尖的尖底深钵类器皿，十分简陋。绳文中期到晚期，容器变得更大，装饰也更加复杂化。绳文时代晚期，古人已经使用稻米来酿酒，也有了专门用来酿酒的陶罐。

不过这种陶罐与日后的酒瓮比起来小得多。那时候陶器的制造技术还不成熟，酒液在发酵与储存的过程中会向外渗，而且酿酒技术也还不高，长期储存的话，可能难得的酒放着放着就放坏了。所以人们会把容器做小一点，方便随酿随喝。

弥生时代，带有盖子和把手的酒壶和酒钵出现，体积也增大了很多，人们在烧制时还会涂上明亮的颜色。这说明此时的燃料更加丰富，人们掌握了提高烧制温度、使陶器完全氧化的方法。不过这个时候还没有发现釉料，所以放酒会渗的问题还是没得到解决。

古坟时代中后期，一种叫作"须惠器"的大型陶器登场。这种陶器是使用1200摄氏度的高温还原窑烧制出来的，非常坚固，吸水性也很低，而且耐高温，能够用火加热，所以主要用来储存液体。当时酿酒主要使用的是酒壶、酒甄与酒瓮，前两者的容量是一壶1~2升，一甄200~900升（日本升瓶110~500瓶），酒瓮则更大，能容纳500~1350升（日本升瓶280~750瓶）。酒壶是用来分装酒的容器，甄与瓮（这两者并没有很大区别，也有

用来酿酒与储存酒的大型须惠器

学者统一称为瓮）是酿造与储藏酿好的酒的容器。

当时酿酒使用的须惠器，以奈良县天理市石上神宫酒殿遗址发掘出来的最为著名。该酒瓮高近 1 米，周长约 1.6 米，是很大型的酒瓮。现在这件酒瓮依然陈列在石上神宫，大家可以去参观。

须惠器整个奈良时代都在使用，至平安中期达到最盛，然后就渐渐淡出了历史舞台。平安后期到镰仓时代，很多烧造须惠器的窑都废弃了，瓷器逐渐成为主角。新出现的瓷器涂过釉，酒液不会渗出，因而受到欢迎。瓷器制造在镰仓初期进入繁盛期，制造中心在濑户一带，也很快就被用在了酿酒上。作为料桶的大型瓷瓮一次能装 2 石到 3 石（日本升瓶 360~540 瓶），特大的甚至能装 5 石（900 瓶）。

室町时代继续使用瓷瓮酿酒。到了室町末期至江户初期，根据这一时期的《多闻院日记》记述，已经使用了如今的多段发酵法，由于瓷瓮难以承担这种发酵法的大型化，于是出现了"桶"。《多闻院日记》中记载天正十年（1582）有能装 10 石（1800 升）的大型"酒桶"，《林家文书》记载庆长十四年（1609）纪州和歌山有能装 16 石（2880 升）的大桶。

大桶酿酒
现在已经没有这样的光景了（《滩酒用语集》）

　　单纯说桶，自然是有着更古老的历史。奈良时代，桶就是生活用品的一种，平城京遗址里出土了许多"曲物桶"。这种桶是把木材切成片状，卷成圆筒形，用樱树皮或桦树皮做成绳子缝合木片的缝，再加上底制成，用途多样，可以储藏水、油，也可以放谷物或者蔬菜、鱼干、甜点，甚至是衬衣或袜子。

　　曲物桶一直广泛使用到中世。到了镰仓末期到室町时代，"结桶"迅速普及。"结桶"是用柴刀将木材劈成短木条，竖着并拢，用竹子等做成的箍固定，再加上桶底做成。这个时候"樽"也得到了普及，有时"桶"和"樽"很难区别，但是桶越来越大型化，樽则主要做成了壶型，而且有着能够固定的盖子，这点与桶形成了比较明确的区别。以酒具为例，桶成为酿造的容

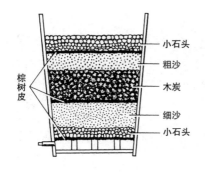

棕树皮

小石头
粗沙
木炭
细沙
小石头

沙桶

酿造日本酒的水里不可以含有铁
或有机物，否则酿不出好酒。所
以过去使用这种沙桶作为净水器，
纯化酿造用的水

器，樽则成为运输的容器。

　　相比曲物桶，结桶在强度、密闭性、耐久性上都更胜一
筹，而且能装到 20 石甚至 30 石，十倍于以瓮为代表的容器，
用途更是五花八门，特别在酒、酱油、味噌、醋的酿造中居
功甚伟。例如酿酒业从桶开始，几乎所有的酿造工序都要用
到桶，有"荷花桶""踏桶""清桶""饭溜桶""半切桶""酛
卸桶""暖气桶""壶代桶""酿造桶""枝桶""试桶""荷
桶""狐口桶""待桶""淬引桶""围桶（储藏桶）"等，全部
工序都可以按其中使用的桶来进行区分。

　　这种使用各种各样的桶来酿造的方式沿用到如今。小规模
的地方酿酒商，比如滩目、西宫、伊丹、池田、伏见等地的酿酒

商能够把酒卖到全国去，并发展为一大产业，桶与樽的出现功不可没。

桶酿法持续了几百年。日本是世界数一数二的杉木生产国，用作桶箍的竹子也是产量丰富，做桶不愁材料。我是酿酒匠的儿子，现在仍然清晰地记得小时候被造桶的声音吵醒的情形。

那时不等天亮，桶屋的老大与伙计们就在酒藏前面的空地上点起一堆篝火，在火边用竹材编桶箍，用木槌把杉木制的桶材锤进箍里，发出非常有节奏感的声音："咚！咚咚咚！咚！"他们一次又一次捶打，捶打手与填箍手都按着节奏作业，配合十分默契。

到了近代，人们引入科学方法分析事物，发现木桶也是有

瓶尝法
通过每天检查分装在啃酒瓶里的酒，鉴定储藏酒的状态（大正末期到昭和初期），一旦发现有异味，就立刻查看原桶的酒（《滩酒用语集》）

缺点的。第一是储藏酒的时候，酒液会浸出木材里的各种成分，比如木材的气味和黄色的色素等，还有会带来有涩味的丹宁与木质素，而且酒精会将木头氧化，生成乙醛。人们的生活越来越好，对酒的要求也越来越高，有些人就不喜欢这些成分，他们开始追求不受容器影响的、日本酒本来的香味。

此外，酿酒业的从业人员也认为，酒桶内侧的木纹里往往藏有细微的污垢，在洗刷木桶的时候必须要用竹制的刷子，把这些都洗干净，这工作非常辛苦。而且木桶的使用也有年限，太旧了就会造成渗漏，必须废弃掉重新做新的。

大正初期，人们开始考虑如何解决这些问题，后来随着化工业的发展，人们找到了解决方法，那就是搪瓷容器。酒藏开始使用搪瓷容器是在大正12年（1923），大的酒藏从那之后就逐渐换掉了木桶。第二次世界大战结束后不久，滩、伏见的大生产商已经完成了换代。在日本经济急速复兴的昭和28年至30年（1953~1955），地方的中小酒藏也从木桶换成了搪瓷容器。

那么，为什么不能使用廉价的铁桶呢？这是因为日本酒极其忌讳铁，一旦接触了铁，酒液会迅速变成红褐色。日本酒酿造中使用的米曲霉菌会生成一种叫作去铁柯因（Defrriferrichrgsin）

的化合物，这种化合物在米曲中微量存在，接触到了铁离子就会发生显色反应，生成红褐色的柯因铁。因此，酿酒的原料水含铁量绝不能高，铁离子达到0.02ppm（五千万分之一）就已经是极限。即使在水质很好的日本，符合如此严苛条件的名水也不多见，水质好的地方也是酿酒屋最集中的地方。

搪瓷，或者又称珐琅，是把名为"flit"的玻璃粉末与黏土或陶土混合在一起，加水制成泥浆釉料喷涂在铸铁板表面，待干燥后用800~900摄氏度的高温烧制而成。釉料会玻璃化熔化固定在铁板表面，形成薄厚均一的（玻璃质）涂层。这样酒不会直接接触铁，就能防止因铁离子而着色。搪瓷容器十分耐用，也更轻便易用，拥有木桶无法比拟的优越性。

但是，搪瓷容器也不是万能的，会发生各种各样的事故。比如酒液在毫无征兆的情况下突然变成红褐色，这就是因为搪瓷容器受到了某种物理冲击，表面的搪瓷涂层皲裂剥落了，酒液与露出的铁发生了反应所致。小规模的酒藏拥有的酿酒容器并不太多，经常检查还能够避免这种事发生，但大规模的酿酒工厂就很难保证万无一失了。

为了避免这样的危险，如今大的制造商又开始把搪瓷容器换成不锈钢酒罐。不锈钢容器没有涂层剥落的风险，又不容易滋生微生物，更为洁净。但是设备的升级换代又需要相当多的资金。如今还是有很多酿酒厂商在使用搪瓷容器。

酿酒与储酒的容器从陶器到木器再到搪瓷容器，现在又换成了不锈钢容器，充分体现了日本人为了让民族之酒更加出色而不懈研究、努力进步的精神。

运酒器

自酒成为商品流通以来，运酒一般使用陶制酒壶或曲物桶。进入室町时代，出现了带有徽标的小樽，叫作"柳樽"。这个名字并不是说木桶用的是柳木，而是代表它是京都的名酒屋"柳酒"特别制造的小型酒桶，带有酒屋的品牌。把杉木木材扎成圆筒状，用竹子编的箍（环）固定住，再固定桶底和盖子，制成形状上带些圆锥形的圆筒，就是"柳樽"，又称"缚樽"。

柳樽之外，运酒的用具还有"角樽"和"指樽"。角樽的容量从1升到3升，把手很高很大，像是角一样，涂着红漆或者黑漆，在现代也经常用作婚礼或者庆典上的礼物与装饰。

指樽在介绍江户京阪风俗习惯的《守贞漫稿》中记载："箱

形酒具，较足利为大，与结樽并用。"也就是室町时期已经出现了。这是一种方形箱状的少见的酒具，与角樽一样，都用于庆典。涂漆的侧面或画有家纹，或镶嵌螺钿，十分美丽，容量大概是1~2升。其他还有"兔樽"，如其名是个圆桶，把手像兔子耳朵一样长。

室町末期到江户初期，酒樽也越来越大型化。大型的一斗樽出现后，又有了更大的四斗樽，这种把酒从酿酒商那里送到问屋，再从问屋送到零售商手中的酒樽可谓是具有里程碑意义的容器。酒樽使用吉野产的杉木，依杉木的花纹与颜色，主要分为

1升装的柳樽

在没有日本升瓶的过去，"柳酒"设计出了外送用的柳樽（左），深受欢迎。这种酒樽一直使用到明治时代

左为角樽，右为指樽

"甲付樽"与"赤味樽"。运酒的时候在捆扎的稻草上画上商标，叫作"化妆菰"，这就是"本荷造"（打包）。江户初期，在马背左右各挂一樽酒，两樽酒称为一搭，以十搭作为贩卖单位。

四斗樽从江户、明治、大正时代一直沿用到昭和初期，现在也在举行庆祝仪式的时候作为"镜割"[1]用品而登场。

大型的酒樽主要用在酿酒商将酒送给问屋，以及问屋将酒送给零售商的过程中。零售商卖给家庭时一般使用壶或柳樽、

1　又称"镜开"。在结婚、生日、店铺开张、建房等需要庆祝的时候准备一桶日本酒，由参加者用木槌打碎桶盖，祈祷健康、幸福、成功等。

瓢箪、贫乏樽（带柄大概 40 厘米高，能够装 7 合酒左右），江户后期到明治、大正、昭和时期广泛使用的是"贫乏德利"。

这种酒具一部分是个人消费者拥有的，但更多的是酒屋买来借给客人使用的，又称"贷德利"，上面标着酒屋的名字与酒的品牌。有趣的是，贫乏德利也因为消费地不同，有着不同的形状与产地。《守贞漫稿》中记载"京阪用者五合一升，贷陶也，丹波制也"。京都与大阪使用丹波造，四国用大谷烧，九州用有田烧与丹波造，关东一带乃至东日本则广泛使用美浓高田烧。贫乏德利之所以得名，是因为平民买不起四斗樽，只能用贷德利零买。

从明治时代开始，出现了玻璃质的一升瓶。玻璃在江户中期才能制造，江户后期可以用玻璃制造酒杯与日式酒壶了，但是产量很低，因为当时的玻璃制造技术还没有成熟。

进入明治时代后，文明开化的浪潮袭来，也引入了制造日常生活中能够使用的玻璃的技术。政府极力推荐使用先进技术。明治 9 年，官方经营的品川硝子制造所成立，主要生产以板状玻璃为主的建筑用玻璃。明治 30 年，日本引入了连续式的玻璃窑与自动成型机，还引进了能够连续生产玻璃制品的品牌，可以进行酒等流通容器的生产了。明治 34 年的时候，酒开始灌装在玻

贫乏德利
当时的"贷德利"
一面写着借出的酒
屋的名字（左），
一面写着贷德利的
编号（右）

璃瓶里贩卖，这就是如今一升瓶的原型。

　　但是明治末期到大正时代，即使在偏僻的地方，酒的需求量也非常巨大，玻璃瓶的产量远远不够，家庭使用的液体容器主要还是日式酒壶——德利。昭和4年（1929），连续灌装机与金属酒瓶盖及打塞机被发明出来，玻璃瓶灌装流水线终于能够真正发挥威力，但这也没有解决玻璃瓶不足的问题，在一段时间里，还是玻璃瓶与"酒樽加德利"并用的。以二战爆发前的昭和14年为例，日本国内流通的玻璃瓶与"酒樽加德利"大概是4∶6左右。

　　二战中，人们发现玻璃瓶装是最适合向战地输送酒、酱

陶塞瓶

一开始的酒瓶没有金属制瓶盖，也没有能够把软木塞塞进酒瓶里的打塞机。酒瓶塞是陶制的，用铁丝固定（大正时代）

油、油与醋的选择，于是玻璃瓶成为军需物资之一，紧急进行了进一步的研发制造。玻璃瓶的生产流水线迅速得到改良，战争中玻璃工厂纷纷成立。二战结束之后，尽管日本陷入极度的物资匮乏，在昭和22年（1947），酒的容器仍然99%是玻璃瓶。

在那之后，日本酒就灌装在玻璃的一升瓶里，直到今天。毕竟这是最有利于保持酒质，也最适合流通的容器。但是一升瓶还是比较沉重，于是一升瓶本身的重量从1140克降低到950克，近年又有了535克的超轻型瓶。

如今，日本酒的容器还在进行着改革。因为一升瓶回收比较麻烦，使用年限也有限，人们开始使用一次性的容器来盛装，例如纸盒。纸盒用坚韧的合成纸制作，或内侧有塑料涂层，或套有聚乙烯袋子。

这种纸盒与铝制易拉罐等新型容器的出现，让玻璃瓶的使用比例下降到 90% 以下。但是使用陶瓷器做酒器的传统毕竟根深蒂固，一升瓶如今依然是流通酒器的主力，受到酒客们的热情支持。

容器对日本酒的流通有着非常重要的意义，无论在什么时代，人们都会选择兼具消费性、流通性与功能性的容器。如果有酒器想要取代一升瓶，那恐怕还得经过更多的时间检验。

饮酒器

从出土的绳文时期文物可以看到，那时的人们饮酒用的是陶器，以尖底深钵类陶器为主。绳文时代晚期出现了带有壶嘴的陶器，以及底部厚实，好像后世"船德利"一样的器皿。

弥生时代出现了带盖子的酒瓮、酒壶和钵，还出土了比现在的酒杯更大的高脚杯，酒具变得丰富起来。这种高脚杯恐怕是敬神时用来供奉在神前的。

奈良时代，酒具作为祭祀中使用的神馔具得到发展。神社中会使用御神酒杯或者素烧的陶器"平瓮"，身份高贵的人们也会使用这些酒具。

从古坟时代后期到奈良时代，须惠器等陶器在日本各地作为酒具获得广泛使用；平安时代中期到镰仓时代中期，瓷器取代了须惠器。再后来则以上釉的陶器为主要酒具，也出现了铁质或漆器的"铫子"。日本酒的酒具在漫长的时代中，经历了各种各样的变迁，变得越发具备实用性与独特性。接下来，我们要对最贴近日本人生活、最具代表性的日本酒酒具，也就是温酒锅、铫子、德利与酒杯进行介绍。

温酒锅（烂锅）

日本酒加热饮用是自古流传的习俗之一，理由我们会在第八章系统阐述。加热的方法一开始是将酒倒在陶器里，再把陶器放在火边加温。由此发展出了耐高温的酒具，于是改为直接放在火上加热，趁热饮用。《延喜式》成书的平安中期，饮用温酒成为人们的日常习惯。《延喜式》制度下的"内膳司"发明了"土熬锅"作为温酒器皿，这是后世"温酒锅"的雏形。

前面说的能够直接加热酒液的酒锅称为"直锅"（又叫"直烂"），后面出现了间接加温的酒壶，这种隔水加温的方式称为"烂"。直锅是江户时代中期的主要温酒器，当时铁制的锅是日常厨房用具的主流，比起专用的锅来，还是用炊事的锅直接加热最为方便。

至于温酒的专用锅"温酒锅"，要到井原西鹤（1642~1693）活跃的时代才有记载。

西鹤的"浮世草子"[1]中就写到了这种锅。《好色一代男》（卷二）中有"从女郎手中取过盛着酒的温酒锅"的句子。《好色五人女》（卷一）中，阿夏与清十郎从饰津滨逃向上方，在他们乘坐的船上，"船老大高声喊道：'哎！开船喽！诸位向住吉大明神[2]表表心意吧！请拿出几个供钱来！'说着拿出一把柄勺接受供钱，数着人数，无论喝酒的还是不喝酒的，各让他们分摊七文钱。温酒的铜壶（烂锅）也没有，船老大把酒从小酒桶倒进汤碗，用飞鱼肉做酒肴，匆匆忙忙，三杯下肚，变得兴奋起来。"[3]

1　社会小说。

2　又称住吉三神，被奉为保护航行平安的海神、龙神，也是专门负责"净化"的神明。

3　《五个痴情女子的故事》，井原西鹤著，王向远、亓华译，上海译文出版社，1990。

上图为温酒锅，左图为把酒从温酒锅倒进酒杯里

（井原西鹤《本朝二十不孝》）

西鹤作品的插画常描绘这样的场景，当时详细记载了诸白酿造法的《童蒙酒造记》已经出版刊行了，用温酒锅温的酒应该是和如今一样清澈，有着丰富香气的酒。

温酒锅自然是铁制的，宝历年间（1751~1764）风来山人（平贺源内[1]的笔名）撰写的《根南志具佐》[宝历十三年

1　平贺源内（1728~1780），江户时代的博物学者、兰学者与发明家，被戏称为"日本的达·芬奇"。

（1763）]中，有"从佛坛下的架子中拿出零钱，取出空的烂锅，卷起衣服下摆，踏上木屐便跑去"的句子，可见温酒锅不只用来温酒，也可以作为容器去酒屋打酒。

铫子

温酒锅是有着把手和倒水口的锅，类似的带盖容器在安土桃山时代就已经出现了。这种容器可用来倒热水、倒汤，用途广泛，也被用来倒酒，名字叫"提"。只用来倒酒的提称为"铫子"，带有弓状的可动把手，有铜质、银质、铁质的，也有漆器。

日本南北朝后期的《庭训往来》[1]中，出现了"铫子"的字样，《和汉三才图会》（正德二年初卷）中记载，铫子本来是带有注口与长柄的酒器，后来把带有把手的酒具称为铫子。记录了宽政到天保年间（1789~1843）世事的《宽天见闻记》中有"我年少时只有铁铫子和漆酒杯，不知何时开始铫子都用彩色陶具"的内容，可见宽政、天保年间就已经有了陶制的铫子。

陶制铫子不知道从什么时候起和烂德利混同了，现在也有

1　儿童教育的基础教材，日本初级教科书的代表之作。作者及成书年代不详，较为普遍的说法是玄惠法师（？~1350）所作。

铫子

顾客点"一个铫子"结果端出来烂德利的事。《守贞漫稿》中记载："京都、大阪如今在正式场合、料理屋及娼家均使用铫子，极少用烂陶（德利）。江户近年只在正式场合使用铫子，其他均用烂德利。"把铫子和烂德利做了明确的区分。

铫子正式在料亭中使用，是在享保到明和年间（1716~1772）。后来出现了烂德利，于是铫子主要在仪式上使用，逐渐变为典礼用的酒器。为了适应这种用途，原本铁制的铫子也变为锡制铫子、绘彩的瓷铫子以及美丽的漆器铫子。

现在说到铫子，很多读者也会想到结婚典礼上，夫妻在神前用铫子倒酒行"三三九度"礼仪的情形吧。

德利

前面介绍了热酒要用温酒锅，再把酒直接从锅中倒进杯子里。最初使用的直接用锅加热的"直锅法"难以调节酒的温度，于是逐渐变成了隔水加热法，而被加热的容器就是德利。

德利有着较为细长的颈和比较宽的口，最早被人称为"tokuru"（tokkuri）是在室町后期连歌师[1]饭尾宗祇[2]的高徒宗长[3]的《宗长日记》里，在享禄四年（1531）八月十五日夜的记载中："那时范甫老人也郑重将德里（tokuru）送过去。"

有说法认为这里的"德里"一词来自朝鲜半岛，《朝鲜陶瓷名考》认为是朝鲜语的瓮"toku"或比较坚硬的陶器"tokkuru"。江户后期的《松屋笔记》（小山田与清著）中认为"酒从陶口中咕咚咕咚（tokutoku）地倒出来，所以叫作 tokkuri"，具体是怎样，现在也搞不清楚。不过"tokkuri"这个称呼开始使用的时候，有

1　日本开始于 15 世纪的一种诗歌体裁，类似中国的联句，最初由两人对咏，后来由多人一起共同创作。连歌师是连歌的主持者。

2　知名连歌师，别号自然斋、种玉庵、见外斋等，著有连歌论集《吾妻问答》（又名《隅田川》），并编撰连歌集《竹林抄》《新撰菟玖波集》等。

3　宗长（1448~1532），号柴屋轩，一度跟随一休宗纯参禅，宗祇死后成为连歌界指导者。著有句集《壁草》，日记《宗长手记》《宗长日记》，以及《宗祇终焉记》等。

"德里""陶""土工李""罌"等写法，现在都写作"德利"。

《贞丈杂记》载，"如今称为德利之物，古时为锡所制，当时并无可烧之德利，皆以锅为之，故又称'锡（suzu）'"。可见德利这种酒具最初是锡制的，如今陶制的德利也叫"suzu"，就是古时留下来的惯称。

德利的原型，从古时的《延喜式》看是神馔具"瓶子"，也就是中国宋代流传到日本的酒具"梅瓶"。这种瓶子在平安至镰仓时代在日本各地广为制造，现在这种白瓷质的瓶子也经常放在神殿的神架上，作为供神的酒具使用。

瓶子不只是供神的神具，也作为盛放酱油、油、醋等液体的容器使用，与人们的酒宴和餐桌息息相关。室町末期到江户中期，德利已经普遍使用，瓶子则不知何时开始被称为"御神酒德利"，再次被专门摆上了神架，而能够温酒的德利被称为"酒德利""烂德利"，又或者是"德利"，只在酒席上使用。

不过，"烂"这个字直到江户初期的笑话集《醒睡笑》中才出现，所以这个名称应该出现在室町后期之后。德利未必非要加热使用，可以看作一种万能容器。证据就是室町时期的德利和江户时期的德利也就是现代德利比起来要大许多，大德利容量可达

大德利（左）与德利（右）

古代的德利除了盛酒之外，
还作为盛放各种液体的容器
使用，所以有很大的

1升到3升。这样大的容量看起来不会被用来加热，而是盛放酒
与酱油等液体，或者盛放谷物。

　　江户时代开始，陶瓷的烧制技术不断提高。在瓷器迅速普
及的同时，小型物件的大量烧造与文绘技术都突飞猛进，德利也
随之越来越小型化，出现了容量为1升或2升的小型德利，然后
人们用它来盛酒，放进锅或者铁瓶之中加热。只要控制热水的
温度，就能自如控制酒的温度，从此德利成为酒席上温酒的固定
工具。

　　后来，根据用途和形状的不同，又产生了各种各样的变种
德利。例如"船德利"（底部更大更重，更为稳定，即使在摇晃

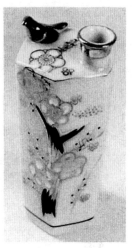

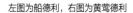
左图为船德利，右图为黄莺德利

的船上也能够使用）、"伞德利"（底部呈长裙状或者伞一样散开的样子，也能放得更稳）、"浮德利"（壁比较厚的瓷器，底部大而重，避免倾倒）、"落球德利"（因为圆圆的形态得名，小型的作为怀石料理的"托存德利"而备受嗜酒者的喜爱）、"蜡烛德利"（丹波烧制的蜡烛形德利）、"陀螺德利"（日本陀螺形状的德利）、"嗯哼德利"（特殊设计的德利，酒倒到底的时候，"嗯哼"地"咳嗽"一声，还会再滴下几滴）、"黄莺德利"（倒酒的时候发出的声音仿佛黄莺的鸣叫声）、"肚脐德利"（酒瓶中间的部分像肚脐一样的德利）、"鸭德利"或"斑鸠德利"（做成野鸭或斑鸠形状的德利，放在围炉里的灰边加热）、"埋灰德利"（底是尖的，倒进酒之后，把整个瓶子在火钵或者围炉的热灰里插到瓶颈来加热）。

其他还有专门用来赏花、游河、赏月及赏雪等野外酒宴用的"游山德利"，以锡或者厚瓷制造，外面用棉花或者木壳包裹，可以放进带把手的保温箱里保温。

酒杯

杯（sakazuki）的名字来自"盛酒器"，也就是"酒坏"（"坏"这个字在《广辞苑》中解释为食具陶碗）。这个发音实际上有 51 个对应的字，可以是木字边的"杯"，也可以是金属制的"钟""枪"，动物制的"觥""觯"，或者陶制的"觚""盏"等，本章为了方便起见，指的均是"杯"这个字。

杯在过去是一种土器。在长野县富士见町井户尻遗址群的高森新道一号竖穴式建筑（绳文中期）中，与有孔锷付土器一起出土了杯状饮酒器，以及似乎是用于供神的土器小碗。之后土器的杯子一直使用到大化改新确立"租庸调"制度。后来，须惠器

土器

没有上釉的素烧陶器，盛酒会有土腥味

作为亚洲大陆的特产传入日本，于是又制造出了杯。

当时的须惠器是由来自亚洲大陆的工人用辘轳制造的，已经很接近如今的杯了，主要用于供神，也是流传到如今的土器（没有上釉的素烧陶器）。我去京都松尾神社参拜的时候，进入拜殿之前在驱邪的时候用这种土器喝了酒，尝到了器具的土腥味。这是因为这种土器和当时一样，还在用穴状窑烧制，烧制达不到高温，烧结不充分，所以土腥味还有残留。

后来，亚洲大陆又传来了使用釉料的陶瓷器，取代了土器杯。同时，涂漆技术又发展起来，漆器的表面更为光滑，更为美丽，方便洗涤，也不会有渗漏，所以木制的酒杯得到广泛使用。特别是室町时期，武家重视酒宴礼仪，用酒杯的场合很多，漆器的使用达到全盛。现在婚礼中"三三九度"的仪式也是从那时流传下来的。

日本酒宴上有参宴者轮流共饮一杯酒的风俗。酒盛在漆器大杯里，参宴者通过同喝这杯酒，加强宾主之间的关系，结下"共食之心"（通过吃喝下同一样东西，加强团结性）。这时候使用的大杯根据容量有着不同的称呼，例如5合的"严岛杯"、7合的"镰仓杯"、1升的"江岛杯"、1升5合的"万寿无量杯"、2升5合的"绿毛龟杯"和3升的"丹顶鹤杯"。酒合战使用的也是这样的大杯。

到了江户时期，如今爱知县西北部的濑户一带有着最适合烧制的陶土，再用附近的黑松作为燃料，生产了许多美丽又耐用的陶器，被称为濑户烧。平安时代后期，濑户一带就已经能够烧造灰色无釉的小盘子或者钵。到了镰仓时代，加藤藤四郎[1]前往中国学到了制陶法，成为日式陶器的起源。

江户时代中期，濑户的制陶业有所衰退。文化初年，加藤

---

1 "濑户烧"的创始人，1223年来到中国，逗留五年并学习制陶技术，1228年回到濑户试烧成功。

民吉父子前往肥前，学到了瓷器的制法，回来后再次振兴了濑户陶瓷业，发展出日后知名的濑户瓷。由于瓷器方便耐用，迅速在日本全国普及开来，最后瓷杯"猪口"把漆杯挤出了市场。

"猪口"为什么会写作这两个字，据说是来自朝鲜的陶工把这种杯子称为"chyoku"，朝鲜语"chyoku"的意思是"小而深的器皿"或者"小茶杯"。[1]猪口不但方便入口，也方便传递或者搬运，又赶上濑户德利大量生产的时候，猪口和德利配合在一起，获得了广泛的接受与喜爱。

自然，生产猪口的不只是濑户，伊万里、备前、志野、九谷这些制瓷名地也生产了许多好看又实用的猪口。瓷制的猪口就这样流传下来，如今也仍然是酒客们最熟悉的酒器。

从猪口普及到现在，还出现了许多形状各异，各具不同功能的杯子。例如在猪口后不久出现的"吞杯"，这种容器一开始是放凉菜或者放荞麦面的蘸料使用的，小型化之后也作为酒杯来用。《守贞漫稿》中记载"猪口也作盛放酱菜之用"。现在荞麦面店还会把放蘸料的容器叫"荞麦猪口"，也是这个原因。

1　另有一说是因为杯子形似野猪的嘴，故名猪口。

古伊万里的酒杯里有一种叫"芥子手"，是从中国或者朝鲜半岛传过来的茶碗，后来沿用了这种茶碗的形状，用作酒杯，就成了吞杯。古濑户的吞杯，美浓的志野酒杯，备前、唐津的酒杯等都作为名杯而受到推崇，成为让日本料理更加出众的"向付"[1]。

吞杯这个名字，是一口吞下酒液，用喉咙直接感受酒的意思。使用这种容器饮酒的时候，如果小口小口地啜饮，酒精就会从口鼻散失，让酒本来的深邃风味打折扣。

说到怪酒杯，最有名的是"可杯"。这是江户末期出现的一种特殊的杯子，有的做成天狗面具一样，有个又尖又长的底，没喝完酒就不能正放在桌子上，否则酒会洒出来；也有的底下有个洞，必须要用手指堵住那个洞才能顺利喝酒，直到把酒喝完。人们用这种杯子和要好的同伴们开"可饮会"玩游戏。

为什么叫这个名字呢，因为在日语语法中，"可"这个字只能放在句子中间，不能放在句末，象征着不把杯子里的酒喝光就不能完结。

1　日本料理中置于饭菜对面的器皿，通常盛放山椒或味噌之类简单的食物。——原注

其他的变种酒杯还有"马上杯"。这是江户后期出现的一种瓷制酒具，是对中国马上杯的模仿，杯口直径约6厘米，高度10~15厘米，比较大。这种杯子也叫高足杯，下面的握把比较长，人们可以握住这个握把（足），即使在马上也能比较方便地喝酒，不过很少有人真的会这么做。像知名的有田烧马上杯，釉彩十分美丽，应该也是作为欣赏之用吧。

其他还有在杯子的吸口上做了特殊加工，喝的时候会发出"咻"声的"吸杯"，是很有名的天满宫特产。此外，还有倒上酒杯底就会浮现出抛媚眼的美人的"美人杯"，以及杯内或外侧会浮现春宫图像的"春画杯"等。

明治时代，城市中的营销活动已经如火如荼，出现了很多印有店名或品牌名的酒杯，用作宣传。像"富山消毒药贩子"这种药商跑腿就会把印了公司名与药物名的酒杯送给客人。

在乡村，也会有人为了祝寿或者庆祝新居落成而专门定制酒杯，送给亲朋好友。还有送给要上战场之人的，庆祝平安退伍的，纪念村与村合并的，这类纪念酒杯很鲜明地反映出当时的社会形势与习惯。日本从江户中期开始能够少量制造玻璃，江户后期也出现了玻璃酒杯和酒瓶，但数量不多。进入明治时代后，从海外引进了现代玻璃制造技术，玻璃酒杯渐渐增多。但是因为日本酒更多的时候要温着喝，更多人还是喜欢陶瓷的德利与猪口，也有人就是喜欢瓷器沾唇那种贴合的触感，所以玻璃酒杯迟迟未能流行起来。

但近年来，香气出众的吟酿酒与味道丰富的纯米酒这类高级酒受到欢迎。这样的酒更适合冷饮，能配合冷饮的玻璃酒杯也一下得到了推广。把冰得刚刚好的酒倒进冷藏过的玻璃杯里，一边欣赏玻璃杯结出的洁白霜花，一边快乐地饮酒，这也是现代人才能享受的趣味。

杯洗和杯台

介绍了酒杯，就不能不介绍"杯洗"与"杯台"。杯洗如字面意义，是用来洗酒杯的器皿。在有集体用餐习惯的日本，人们相信用同一个杯子喝下神圣的酒，就可以让心与心紧紧联结在一起，所以有着夫妻结婚要共饮，以及酒宴上要用大杯轮流喝酒的风俗。其中酒席上进行"献杯"与"授杯"等都是日常行为，在杯子交接的时候，用来洗杯子的就是这种器皿，是瓷制的盖饭碗或者漆器钵。

　　江户中期的《宽天见闻记》中记载"酒杯放入盛水盖饭碗中"，《守贞漫稿》中有"以盖饭碗或钵洗杯"，可见过去是用大的盖饭碗或钵来做杯洗的。现在还有不少江户末期或明治时代的杯洗存世，都是料亭使用的，很多是带有美丽花纹的大型钵状漆器。也有很多杯洗是观赏用的，料亭会将盛放料理的碗与酒杯放在杯洗盖子上送去给客人，别具效果。

　　杯台就是放酒杯的台子。在敬酒时用杯台承托酒杯，表示对对方衷心的尊敬与支持。目前存世的杯台中，最古老的是安土桃山时代的七宝烧杯台。作为敬意十足的酒具，杯台一直到明治

杯台

时代都还在制造。陶瓷杯台以伊万里、九谷为首，织部、清水、志野、萩、砥部、信乐及平户都有制造。漆器杯台则以轮岛、根来和会津所产最为知名。

在和歌山市吹屋町的田端酒造，有一个很少见的专门收藏这些杯台的美术工艺馆。这家工艺馆中共收藏了大概 3000 多个杯台（现在不对外展览）。其中不乏江户初期的野野村仁清、江户末期到明治时代的真清水藏六、江户后期的永乐保全、江户时代中后期的清水六兵卫等陶瓷名匠的作品。最珍贵的是宝历年间平贺源内制造的杯台。

不只对饮酒器具用心，对洗涤、放置酒具的器皿也如此重视，我们不难从中体会到，过去的人们对日本酒是怎样的深爱。

第八章　日本酒文化杂谈

烹制下酒的菜肴

在室町时代的武家厨房中，厨师们正在处理类似野鸭的禽类和鲤鱼。此外还有几种炖煮菜（《酒饭论绘卷》，大仓集古馆藏）

丰富的酒肴

从古时候开始，各类水产、蔬菜和飞禽走兽的肉在日本都被称为"菜"。"肴"这个字正是来源于"下酒的菜"，吃饭时候的下饭副食也是"菜"，在京都大阪地区叫"饭菜"，在江户地区叫"惣菜"。

有趣的是，"肴"并不局限于食物。从平安时代、镰仓时代再到室町时代（8 世纪~16 世纪），在上级招待下级的宴会上，"肴"也可以是作为礼物拿出来的服装和武具（刀、铠甲和头盔）。这种酒宴还有主从轮番唱歌跳舞的习俗，这些歌舞也被视作"肴"，称"肴舞"。《古今夷曲集》[1] 中有"夜夜饮酒喧，肴舞扇樱嫌拂面，奈何赏花宴"的诗句，歌舞伎狂言《棒

---

1 江户初期的狂歌集。该书共收录 241 名作者的 1050 余首作品。作者上至公卿下至百姓，时间跨度也很大。

缚》¹中也有"何以为肴，来段小舞²"这样的台词。"肴"这个汉字早在和铜六年的《常陆国风土记》中就已出现，可谓历史悠久。

作为膳食的酒肴自古就有不同种类，也会因为时代不同而有很大差异。从奈良时代到平安时代，酒肴主要是干货这类易保存的食物。《延喜式》记载，平安京西部的市集就有专门的干货店，出售野鸡肉干、鱼干、鲍鱼干、章鱼干及鲷鱼干等禽类与水产的干货及其切片。

野鸡肉干主要是绿雉这类野禽晒干后制成，鱼干则是切成丝后晒干的鱼类，都是宫廷宴会上必备的菜式。

不过酒桌上可不仅有干货，还有很多简单的开胃品。盐、味噌和"尝物"³也经常作为酒肴上桌。平安中期的《大和物语》⁴记载"硬盐，可作为肴下酒"。弘法大师的《御遗告》也提

1　故事的主要内容是，某一户人家的主人知道仆人总趁自己外出时偷家里的酒喝，就在出门前将两名仆人捆绑起来，不料二人靠着互相帮助依旧喝到了酒，还唱歌跳舞。
2　狂言和歌舞伎中都有"小舞"，是常以独舞形式表演的助兴舞蹈。
3　将鱼、肉、菜和香料混合味噌加工而成的小菜，包括鲣鱼味噌、鲷鱼味噌、鸡味噌、胡麻味噌、柚子味噌、葱味噌、生姜味噌和山椒味噌等。
4　平安时代中期的和歌故事集，收录140名作者的295首和歌，作者有僧有俗，有男有女，前半部分主题多为宫廷生活，后半部分为山野传说。

到盐酒（就着盐喝的酒）"夫以酒，是治病珍，风除之宝矣……治病之人许盐酒"。高野山[1]从此就有了用盐和梅干作为酒肴的饮酒习惯。

从镰仓时代到室町时代，酒桌上的干货开始一点点减少，取而代之的是大量鱼类和野禽的煎烧菜及炖煮菜。

到了江户时代，酒肴的种类更加丰富，既有刺身和醋拌生鱼丝这类生食鲜菜，也有板蒸鱼糕、鱼肉山芋饼这类鱼浆副食，甚至连面筋等都出现在了酒桌上，与今天的菜式越来越相近。江户中期，百姓家的下酒菜也有干鱼、佃煮[2]、煮豆和酱菜等，而武士阶层的餐桌上则更加丰盛。

元禄六年（1693）四月二十九日，在名古屋城任职的下级武士朝日文左卫门举办婚礼。《鹦鹉笼中记》[3]记录了婚礼上的菜单，包括"刺身、炖鲈鱼、蓼醋[4]、煎酒[5]、沙柑、芥末、栗子、

1　空海创立的真言宗圣地，有诸多名胜古迹，现已入选世界文化遗产。

2　用酱油、味淋和糖煮海鲜、海藻的菜，在江户时代主要用海带和河虾等。

3　江户时代名古屋藩武士朝日重章（朝日文左卫门）的日记，记录了他作为下级武士日常生活的各类见闻，是研究当时社会的重要史料。

4　将蓼草加盐切碎拌醋。

5　用米酒煮梅干得出的梅酱，长期作为酱油的替代品使用。

汤、盐鸭、小菜若干、梅干、竹笋、海参串、煎香鱼、烧烤、北海虾、碗蒸、泥鳅、生香菇、面筋、咸鱼、干鱼块、海蟹、筑前煮[1]、寿司、鲈鱼白、甜点、腌茄子、腌白萝卜、腌墨鱼、小梅[2]、干青鱼子等，以及酒"。

酒宴要想豪华气派，就得多用鱼鲜，也因此一说到"肴（sakana）"大家首先想到的就是鱼而不是肴这个字，久而久之，鱼的叫法就变成了"sakana"（在这之前鱼在日语中一般读作 uo 或 io）。

到了江户时代中期，各类宴会作为社交场合越来越流行，也有了专门在这类酒宴上表演"肴舞"的艺人，如同今天的艺伎。宴席上第一支"肴舞"也叫"落座"。此外，将酒肴作为礼物送给客人带回家的传统直到今天都在各类庆祝宴上延续着。这个时期固定下来的酒宴菜肴历经江户时代后期与明治、大正、昭和、平成各时期，延续到如今的令和年间。

日本的酒宴菜肴也构成了日本料理的主体，像生鱼、刺身这些外国没有的美食与其说是代表性的日本料理，不如说是代表

1　菜和肉一起下锅炖煮后收汁，是日本人逢年过节常做的一道菜肴。

2　专指信浓梅、甲州梅，个头相较于其他梅果更小更圆，都是用盐腌渍。

性的日本酒肴。相反，牛排、奶油焗菜等西式菜肴几乎与日本酒无缘。日本的美食家们在菜肴和酒的搭配上非常吹毛求疵，像刺身之类，早有"红刺身适合辛烈口味的酒""白刺身要搭配用薄酒杯盛的温酒来品尝""河豚切片要蘸着橙醋配某某正宗酒才够味""墨鱼刺身就得用它产地港口的酒来配"等讲究。如今大家对吃喝已经没有这么讲究了，从味觉文化的角度来看还是挺遗憾的。

日本酒有甘甜和辛烈的口味区别，也有纯米酒、本酿造酒、吟酿酒的种类区别。它们都有各自搭配起来更美味的料理，挑选适合下酒的美食与适合美食的酒，也是品酒到了一定境界才能有的乐趣。比如油多的料理就不适合配浓稠甘甜的酒，得选口感清爽的辛烈口味的酒或者有点酸味的辛烈口味的酒。

日本是一个春夏秋冬时间均匀的国家，每个季节都有相应的"时令菜"，涉及的食物种类很多，海中鱼贝类、海草、河鱼、野禽、野兽、一般青菜、野菜、根茎类蔬菜等食材你都能在宴席上找到。同时，日本作为一个被海包围的岛国，餐桌又与洋流带来的丰富水产密不可分。鱼的种类丰富，有鲣鱼、金枪鱼、鲷鱼、竹荚鱼、鰤鱼、墨鱼、章鱼、海虾、鲈鱼、河豚、沙

享和三年（1803）正月宴席的菜单

○前菜
炖鲤鱼块、海带结、山椒

○下酒菜
双色蛋卷、薄云鱼糕、慈姑

○盖碗菜
日式炖章鱼、蒸栗子、马鲛鱼、绿豆芽豆、水前寺水藻、新牛蒡、拌蕨菜

○小碗菜
时雨鱼糕、嫩蜂斗菜、松露

○刺身
金枪鱼、糖煮海蜇、咸味噌、海松贝、土当归芽、胡葱、白萝卜泥

○钵菜
腌牛角蛤、烧香菇

○钵菜
土当归丸子、芽菜味噌、银鱼

○时令鲜汤
光参、蕨菜

○中盘
盐烧马头鱼、烤山芋、新姜

○钵菜
味噌墨鱼、拌杉菜

○盖碗菜
紫苏叶卷下鱵鱼、烧茄子、梅酱腌甜螺

○汤羹
面筋球、yusurine[1]

○钵菜
炖甜笋

○汤羹
山芋糊、海藻汤

○钵菜
铁板煎饼、味噌山葵

经营快递业的问屋岛屋（主办者）和他的朋友萩之屋翁、狂歌堂真颜、吾友轩米人等在江户白银町东林楼举办的正月宴席

1　疑为"百合根（yurine）"较少见的古语写法，或可译作"百合汤"。

丁鱼、鲭鱼、鲆鱼、鲽鱼、鳕鱼、秋刀鱼、海蟹、马鲛鱼、马头鱼、无备平鲉、牛尾鱼、鲫鱼、鲤鱼、鲑鱼、鳗鱼、鳟鱼、泥鳅、樱鳟、石川氏鲑等，不胜枚举。无论是生食还是凉拌，炖煮还是烧烤，都非常适合搭配着日本酒享用。虽然近年来大多数水产是进口的，但依旧与日本酒很搭配。

除了这些烹饪方法外，还有腌制、做海参肠[1]、做香鱼肠[2]、做发酵寿司[3]、腊腌等酒肴做法。比如"酒盗"[4]这道菜，有着这样一个听着就让人心动的名字，它也是日本独特的地理环境和气候条件才能创造出来，只有日本酒才能让这道菜名副其实。

如今日本酒的下酒菜肴还有一个特征，就是注重使用酱油。无论是刺身、炖煮菜还是烧烤类，只有放了酱油才算是正宗日本料理、正宗日式酒肴。就算是豆腐，凉拌或者炖汤也很搭配日本酒，但那也是因为它们放了酱油。至于做鱼，无论是干烧还是炖

---

1 清洗海参后放置两天，切开拿出内脏洗净，加入食盐搅拌后储存三天左右完成。

2 将香鱼的内脏洗净后用盐腌制。

3 发酵寿司是现代寿司的前身，用盐腌白米和鱼肉使其自然发酵以便存放。

4 一般是用盐腌制的鲣鱼或金枪鱼内脏，因生鱼发酵而产生独特的味道，名字来源据说是"因为太下酒，所以为了吃它偷酒喝也值得"。

煮，不放酱油是不可想象的。酱油为料理增添了一层更高级的美味，在制作酒肴时，日本酒又在其中发挥着"调出隐藏味道"的重要作用。

街头的关东煮店、烧烤店、天妇罗店、寿司店、烤鳗鱼店、牛锅店、寿喜烧店、河豚料理店、活鱼料理店、炸串店等就算到了今天，只要一开店就会迎来喝着日本酒的热火朝天的客人们。在有着红灯笼、绳编暖帘和移动路边摊的餐饮环境下享受日本酒，更能感受到日本酒与日本酒肴之间深厚的关系，两者仿佛佛教所说的"阿吽"一般相互契合、密不可分。日本酒通过菜肴，不断提升着美食与宴会的气氛，为参与者留下回味无穷的美好记忆。

甜烈的变迁

即使是不喝酒的人，也知道日本酒分甘甜与辛烈两种口味。一般来说从酒的成分上看，酒精度数相同的情况下糖分多的是甘甜口味，糖分少的是辛烈口味，但乳酸和琥珀酸这些酸味成分的多少也会影响到口感的变化，所以有些酒即使酒精度数与其他酒相同，糖分也比其他酒多，但在品酒时却会让人觉得口感凛列。这是因为酸味比较多，舌头上负责甜味的味蕾受到了酸味的压制。

有一种观点是"天下太平、经济景气时辛烈的酒受欢迎，乱世和经济不景气的时候甘甜的酒会流行"，认为社会动荡时酒往往减产，导致市场供应不足，甘甜的酒哪怕只有少许也容易给人满足感，而在繁荣的太平盛世下酒可以随意买到，人们会更喜欢辛烈酒这种怎么喝都喝不够的酒。支持这种观点的意见还认为在经济景气的环境下酒席上的菜肴往往丰富多样化，大家喜欢搭配让人神清气爽的酒。经济不景气的环境下，酒席上的菜肴无论是数量还是口味都相对欠佳，这种情况下更需要口感醇厚的酒来满足口腹之欲。

社会的变迁不可能仅仅靠酒的口感变化统计来反映，因此不能说上述观点就是正确的。我们暂且不去讨论经济好坏或社会情况，就事论事，单就近年来看，日本酒的口味的确在随着时代而变化。这里的统计表格记录了明治 10 年到平成 3 年（1877~1991）这 115 年间日本酒口味的变化（取市面上商品酒的平均值）。

在整个明治时代，日本酒的口味都是非常辛烈且酸味强的，

近代以来日本酒的甜烈偏好变化

年份	日本酒度	酒精度（%）	酸度（毫升）	甜烈偏好
1877	+16	17.6	4.0	超烈
1904	+14	16.8	3.7	超烈
1909	+14	17.9	2.7	超烈
1915	+10	17.5	3.0	辛烈
1921	+3	17.4	2.9	略辛烈
1930	−1.4	15.9	2.7	略甘甜
1934	−8	16.9	2.7	超甘甜
1938	−4	15.7	2.5	甘甜
1949	−7	15.6	2.7	超甘甜
1975	−5	15.5	1.8	甘甜
1985	0	15.5	1.4	甜烈适中
1991	+2	15.5	1.5	略辛烈

日本酒度是衡量日本酒甜烈度的标准。"+"为辛烈，"−"为甘甜，符号后的数字越大就意味着越烈或者越甜。虽然没有奈良时代和平安时代的日本酒度记录，考虑到当时的酒是味淋那样甜味浓厚的酒，那么当时日本酒应当是日本酒度 −30 到 −40 这样超级甘甜的酒。平成年间及令和以来，包括本酿造酒、纯米酒、吟酿酒在内的这些酒大多是"+"的辛烈口味，这是因为大家在饮食上的油脂摄取量增加了，所以更欢迎口感清爽的辛烈口味。

到了大正年间辛烈度就开始减半并偏甜，进入昭和年间后口味一转变得甘甜。昭和 60 年（1985）是一条分界线，日本酒从这一年开始明显向辛烈口味方向发展，这种趋势一直持续到今天。

日本人饮食生活的西化使得食用油的消耗量激增，餐桌上的菜肴种类也开始增多，尤其引人注目的是糖分的增加，这或许也是消费者更喜欢口感清爽酒水的一个原因。此外，作为日本酒的竞争对手，加水的威士忌和加热水的烧酒也各有众多爱好者，这些酒在调好饮用时大致也是在日本酒度 +20 或 +30 的超烈程度上，当下的日本酒倾向于朝着辛烈口味发展或许也是受这些因素的影响。

酒宴的礼仪

日本自古就有"做东"的传统，一家之主设宴，招待平时照顾自己生活的人，以及仆从、亲属、朋友、邻居熟人等来做客。酒作为一家之主和客人之间的媒介，起到真诚传达主人的感谢和深情厚谊的作用。这种酒宴虽然每家都有自己的做法，但基本礼仪却是大致相同的，即一直延续到明治时代中期的群体性酒桌礼仪"轮杯"，其内容大致如下。

一家之主坐在上座，客人分坐左右，面前都摆放着包含小酒杯的酒肴。先往大酒杯中倒酒，然后大家轮流喝一口，这种礼仪最早叫作"传递"或者"按顺序"，从上座往左右交错传递酒杯，到最后一人时则往回"上杯""上酌"，这样轮流喝。接下来才是正式的酒宴。一家之主会选一名酒量好的人来担任自己的代表，替自己向每一个客人用小杯敬酒对饮。

在这个过程中，会有人出来表演"肴舞"助兴，大家观赏完表演后，客人们再相互敬酒完成"竞杯"的仪式。最后一家之主出面发言表示感谢，宴会结束。这种宴会的主持人也被称作"肴"，他负责监督和指正各种礼仪和礼节，以保证宴会的品质，提升所有参与者在这个集体中的融入感。

这种通过酒宴来提升素质和礼仪的"酒道"不只包含"轮杯"。30 年前我有幸拜读了古书《酌的大意》(江户时代后期)，这本书用图解来叙述斟酒的方式和动作，是教导酒桌礼仪的珍贵文献。书中还详细说明了酒席应该如何配膳，酒器的正确拿法，斟酒、敬酒以及被敬酒时的礼仪等。其中关于敬酒和配膳等内容，还专门为未过门的准媳妇们划了重点，教导她们如何避免在婆家失礼，内容非常值得玩味。

在多人喝酒的场合，日本有自己独特的敬酒文化，有"献杯""受杯""一饮而尽""回敬"等礼仪。"献杯"是下级向上级，或者殷勤待客时敬酒。相对的，上级、长辈或客人将杯子递

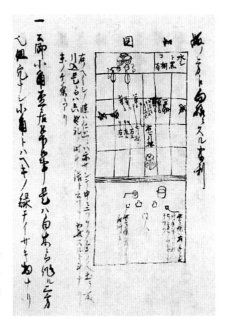

《酌的大意》部分内容
用图解来表现斟酒的方式。酒席的主办方须严格遵守礼仪才能体现自己的修养，是"酒道"的一种（江户时代后期）

过来的时候，则要"一饮而尽"。用酒杯这种道具来体现双方的深厚关系，正是日本人的礼仪。

换个角度来看，用德利或铫子盛着刚温好的日本酒，再小心地斟给对方的饮酒方式，也是通过一个酒杯来间接亲吻，可以说是优雅含蓄地表达温情与亲密的方式。在人生重要的"婚礼酒"上，夫妻就是通过喝上9小口来在神灵面前结下神圣的誓约。"父子杯""兄弟杯"[1] 也都是在这种心理驱动下形成的习俗。

温酒的故事

关于从何时开始大家像今天这样习惯喝温过的日本酒，目前还没有定论，但从全世界的喝酒方式来看，喝温酒都是非常罕见的。

前面我们提过，有人认为平安时代的《延喜式》记载的内膳司土熬锅就是用来温酒的小型铜锅，那么可以认为这个时代的日本人已开始喝热酒了。当时的做法还是将酒倒在锅里直接加热，直到很久以后才出现了专门热酒用的德利。不过，在平安时代也有很像德利的"瓶子"，这两个字出现在《源平盛衰记》"鹿之谷战役"的文字中，说不定就是用来温酒的。

德利出现后，人们会根据季节决定喝不喝温酒，在《温故日录》和《三养杂记》[2] 里记载了九月九日重阳节到次年三月三

---

1 早期是团体或组织确立"上下级"或"同级"关系的仪式，如今大多只在日本黑社会组织中保留。

2 江户时代后期散文家、杂学家山崎美成的随笔集。

日上巳节间喝温酒的内容，当时还叫作"煖酒"。到了《天野政德随笔》，出现了"当今世间饮酒必先煖，亦谓之'温'，是故在冷热之间也"的记载。若根据《倭训栞》[1]和《三养杂记》中相同的论述来判断的话，"温酒"正因其是"不热不冷的酒"而得名。

到了江户中期，瓷器的小酒杯、德利就频频出现在文字与绘画中，此外还有很多文物证实当时的人们喝温酒已经是一年到头的习惯了。比如在《宽天见闻记》中记载"我年少时只有铁铫子和漆酒杯，不知何时开始铫子都用彩色陶具，酒杯变成了小酒杯"，以及《守贞漫稿》记载"近年来漆酒杯已罕见，都开始用瓷器酒杯。京都、大阪如今在正式场合、料理屋及娼家均使用铫子，极少用烂陶（德利）"。关于酒器我们在第七章已详细介绍过了。

不过，至今还不清楚日本人爱喝温酒的原因。在中国倒是有很多文字记录，认为应该天冷喝温酒，天热喝冷酒。比如白居易的"药铫夜倾残酒暖""林间暖酒烧红叶"，以及赵企的"红

1　也写作《和训栞》，江户时代中期学者谷川士清编纂的日语词典，收录了大量古语、雅语、俗语、方言及外来语。

户外温酒器

这件酒器考虑到了需要在家以外的酒宴上温酒的情况。酒器正中央是出烟口，左右可以放德利瓶。在下面的小圆洞里放入炭火，就可以通过水壶里的热水来温酒了

火炉温酒一杯"，还有元结的"烧柴为温酒"等，都是有名的诗句，描绘了晚秋入冬时喝温酒的景象。

白居易还有"小盏吹醅尝冷酒"的诗句，他是在春夏之间喝冷酒。在天寒地冻时用温酒暖身，在盛夏酷暑时用冷酒祛暑，这大概也是日本人开始喝暖酒的首要原因。

日本酒要温着喝的第二个原因，大概就是受东亚医学思想下的药食同源理论，比如《养生训》所倡导观点的影响。贝原益轩[1]曾要大家多注意"酒不宜冷或过热饮用，应饮温润之酒，冷酒积痰伤胃。丹溪先生[2]虽言酒宜冷饮，但过量饮用损伤脾脏，即使少量冷酒也会导致积食伤胃。当饮温酒辅助阳气，且

1　江户时代儒士、学者。出身武士世家，曾在京都精进儒学和药学。他的《养生训》是具有代表性的江户时代养生思想指导著作。

2　朱震亨（1281~1358），元代医学家。因其居所附近有"丹溪"，世人尊之为"丹溪先生"。

有助消食健胃。是冷酒则无益处，不及温酒助阳养气"。也就是说从养生的角度看冷酒会损害健康，这或许也是温酒普及的理由之一。

第三个原因，是用充满温情又花了心思的温酒来接待客人才能体现主人的诚意。人们一旦习惯了温酒这种有温度的待客方式，"酒温过了"这种行为就成为正式接待客人的固定礼仪。如此一来若拿出没有加热过的冷酒就会被大家直接认定为失礼，由此温酒就成为普遍习惯。

此外，由于日本酒是使用米曲酿造的酒，一般在冬天制造出来，要过了夏天才算成酒有滋味。有人觉得这种情况下必须喝温过的酒才能品出那种口感醇厚芳香扑鼻的充实感，还有很多人认为温酒与刺身、寿司和炖鱼等酒肴料理更合拍。

温酒受欢迎的最后一个原因，可能是方便控制饮酒和醉酒的速度。就像谚语"父母忠告似冷酒，事后才上头"，冷酒能让喉咙很舒服，所以喝起来容易没完没了，突然酒醉和耍酒疯的可能性也就提高了。热过的酒因为味道、气味和酒精感都更加强烈，所以喝的时候会慢慢喝，这样也更容易控制喝酒的度。

不过，如今喜欢温酒的人越来越少了，冰箱的普及使得人们可以享用清凉的日本酒，这种情况的长期持续也让喜欢日本酒却没有传统饮酒习惯的消费者增多了。日本酒曾经分"温上"（加热后更好喝的酒）和"温下"（加热后味道变差的酒），但如今日本酒都是用精米在低温发酵的技术下酿出来的，质量很稳定，无论加不加热都不影响酒的香气，所以也没有必要像以前那样特意加热。而且，像吟酿酒这样品质上乘香气优雅的酒冷着喝才更有味道。希望各位读者能够自由享受日本酒，无论是冷着喝还是温着喝都能找到其中的美味和快乐。

无酒不欢

日本是一个四季分明的国家，不同的季节风情也催生出古老而优雅的酒文化。

冬季代表性的酒是赏雪酒。《十训抄》[1]中京都名园白河院里的雪中杯过于有名，使得这之后赏雪酒成为文人墨客展现闲情雅致的顶级象征。

1　镰仓时代中期的教育故事集，收录了540个中日经典古籍中的故事，来教导当时的青少年处事为人的道理。

春季的赏花酒更古老。自奈良、平安时代起就以宫廷贵族为中心举办风雅的赏花宴，到了安土桃山时代，丰臣太阁的醍醐赏花宴成为留名史书的豪华游园盛宴。进入德川时代后，赏花宴走进寻常百姓家，是家庭、亲友或街坊邻里都能举办的日常活动。"舍华求实"的日文原意为"樱花不及团子香"，说的就是在赏花同时不忘吃喝的人，如诗所云"赏樱不见酒，诸君颜色黯"。

到了夏季，自有"川边树下举目望，游舟笙歌醉美酒"的诗情画意。

秋季则有赏月酒。战国时代的武将，好酒的上杉谦信曾在春日山中的军阵里举办赏月宴，并即兴赋汉诗一首《九月十三夜》："霜满军营秋气清，数行雁过月三更。越山并得能州景[1]，遮莫家乡忆远征。"此外还有九月九日的"重阳宴"（赏菊宴）和十月五日的"残菊宴"，户外饮酒的传统至今仍以赏花、芋煮会[2]和赏月会的形式保留着。在大自然神秘、壮美的怀抱中品尝

1　越山为越中、越后的山脉，能州为能登半岛，该句为这些景色如今都在眼前的意思。

2　日本东北地区的季节性活动。每年 10 月下旬到 11 月下旬，亲朋好友齐聚户外架锅煮山芋吃。

美酒，多多少少能感受到自己与天地融为一体，这种至高境界是日本人从古至今都没有改变过的追求。

在这些饮酒寻欢的活动中，最有故事的还要数酒友喝成一片的开心游戏。代表性的"罚酒游戏"有划拳和"野球拳"[1]，输了的人必须喝酒。有一种喊着"一二三"的划拳，连续输两次就会被判定为"一回合失败"，由裁判给此人罚酒（主要流行于九州岛地区）。还有将细筷子折成几段，由一人从中拿一些藏在手里让对方猜数量的游戏，猜错的人必须喝猜对的人给倒的酒（流行于四国岛土佐地区）。罚酒游戏历史悠久，从平安时代就有正月十八恒例的赌弓活动，《醍醐天皇御记》和《公事根源》都记载了当时获胜一方罚输掉一方酒的记录。

日本人的醉态

天下有很多让人嗜之如命的美食佳饮，但能让人变醉的只有酒。喝酒后的人精神恍惚呈酩酊状态，表现出不同于以往的自在逍遥，这种醉酒状态自古就有很多称呼。江户时代收录了各

---

1 由江户时代的"藤八拳"进化而来，藤八拳中的身份分别为狐狸、村长和猎户，因这三种身份的站姿能对应上棒球运动员的三种姿势而演化成了"野球拳"。

酩酊大醉

无论什么时代，都少不了这种人（《酒饭论绘卷》，大仓集古馆藏）

类熟语谚语的《俚言集览》[1]中就有"醉醺醺""烂醉如泥""酩酊大醉"等词。"夏夜转瞬间，难解人宿醉""宿醉后满面憔悴，醒酒当以毒攻毒"都可见"宿醉"这个词。室町时代到江户时代初期，宿醉也叫"余醉"或"沉醉"。

《俚言集览》中出现了"迎酒"[2]这个词，甚至还有形容一个人醉得不成人形的"泥醉"，出自平安时代中期《宇津保物语》中的"人醉如泥[3]，踉跄难行，昏昏欲倒态"，也是一个非常古老

1　江户时代学者太田全齐编写的日语词典，与《和训栞》《雅言集览》并列为日本近世三大日语词典。

2　为了减少宿醉的不适感而喝酒。

3　此处"泥"指传说中的一种海中生物，因为没有骨头，被冲上岸后就难以动弹，如醉酒状。

的词了。

在日本还有"上户""下户"之分，喜欢喝酒的人是"上户"，不能喝酒的人是"下户"，也是出自非常古老的典故。文武天皇（697~706）时期的《大宝令》规定，六人以上的家庭为"上户"，四五人的家庭为"中户"，三人以下为"下户"，以此来区别不同等级的纳税额。有了这个标准，就可以根据"庶民婚礼上户八瓶下户二瓶"等规定来分发不同等级的酒了（《群书类要》卷三）。《持统记》也规定了上户、中户和下户所能获得的不同数量的酒，这种分配方法就成了后世"上户""下户"的词源。

关于醉态还有很多种称呼，在《类聚名物考》[1]和《无尽泉》等书中，有"泣上户""笑上户""怒上户""酗酒发疯""蛇之助""小偷上户""无底洞上户""猩猩""喝到死"等，都生动地展现出生活中那些醉酒者的形象，以此劝世人戒酒。在西方国家，也有"醉猴子""醉狮子""醉猪""大笑的翠鸟""醉羊""醉山羊""醉狐狸"等形容词，多用动物的形态和动作来

1　江户时代的百科全书，包括天文、地理、民俗、神话等内容。

形容醉酒者。

警示世人喝酒危害的谚语从古至今不仅丰富还有趣。前面我们提到过《俚言集览》里的"父母忠告似冷酒，事后才上头"就不多说明了，同书中还有"酒醉人不醉"（就算喝醉了一个人的本性还是不会变）与相同含义的"醉酒不忘本""上户本性难移"等谚语。"酒在喝酒"（《倭训栞》）的意思是"醉意越浓越喝起来没完，控制不住自己"，还有意思相同的谚语"人饮酒，酒饮人，实则酒饮酒"，都是含有劝诫、警告意味的谚语。此外还有"好意请酒反受其害"，意思是"请对方喝酒，却在对方喝醉后挨了一顿打"，比喻恩将仇报。

酒的功过与作用

贝原益轩在《养生训》中有"酒乃天降甘霖"的说法，并认为"少量饮酒可益气补血，开胃健脾，有去忧助兴之功效。但过度饮酒则百害无一利。如水火能助人，亦会招致灾祸"。

酒自诞生以来，它的功过是非直到今天都是人类社会探讨的一大主题。酒在日本拥有全世界都罕见的多种称号，其中大多用于形容酒的功过特质，可见日本人在这方面很是留心。表现它有功的一面有"百药长"、"欢伯"、"药王"、"海老"[1]、"瑞露"、"富水"、"忘忧"、"祛愁使者"、"来乐"、"喜金"、"般若汤"（智慧的神药）、"王液"等，表现它有过的一面则有"发疯水""万病源""狂水""地狱汤""狂药"等，此外还有很多。

适当的饮酒，可以让少量的酒精起到麻醉作用来缓解精神压力，发挥放松和改善情绪的功效。酒精还能给胃适度刺激保持活力，达到提升食欲的效果。如同外国人有喝"开胃酒"的习惯，日本人的"晚酌"传统也不是偶然出现的，但不能因此将这两者混为一谈。

"晚酌"原本是封建家长制或者说男尊女卑社会下的一种习俗。家中吃饭也有上座、下座之分，坐在上座喝酒是封建社会生活中一家之主特权的体现。男主人在完成了一天工作后，最大的乐趣就是在家人面前独自饮酒，据说这能使一天的精神与肉体疲劳都烟消云散，可以说是众星捧月般的封建家长特权表演戏。"开胃酒"则是一家人为了提升食欲围着桌子共同享受美餐而饮

1　一般指个头比较大的虾类，包括龙虾，在当时时比较珍贵。

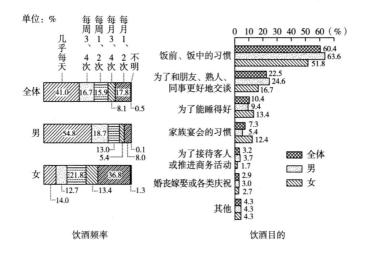

用的酒。晚酌这种日本特有的饮酒习惯如今已经淡化了它原有的封建背景，只单纯作为家庭生活方式存在，当今社会的小家庭化以及生活形式的都市化、西方化都影响到了它。总而言之，适度饮酒可以提升食欲，恢复肉体和精神上的疲劳，也能带来促进人与人的关系和睦等立竿见影又很难量化的效果。

关于酒的危害，这也是各个可以合法喝酒国家的共同问题。过度饮酒会造成长期的健康隐患，比如肠胃问题、肝脏疾病、肥胖、糖尿病、心脏病及酒精中毒等，这些都与酒精有直接关系，因此很多国家会对酒精类饮料的流通进行一定的行政管理和指导。日本相对欧美各国在这方面行动迟缓，但要想让酒文化健康发展，还须尽早将其作为课题重视起来。

室町时代的狂言《饼酒》[1]中谈到了"酒的十德"，《百家说林》[2]也提及"饮酒十德"，我把它们整理了列在这里。通过整理这些古文书上的文字，可以看出作者们都认为酒有"慰劳""去疲劳"这样使人从疲劳中恢复，以及"解忧""散愁"等安定情绪、消解压力的作用，此外还有通过促进睡眠来"延年益寿"的效果（当时的人们认为入睡快有助于延长寿命），至于"结交显贵""便于走亲访友""与人和气""与人和睦"这些加深社交的观点就更轻松易懂了，即使是今天的我们也能感同身受。希望很容易情绪莫名低落的现代人也能充分理解酒的功效，度过丰富而充实快乐的生活。

1　狂言剧目。加贺国的百姓向京都进贡菊酒，大雪封路使得他们没能及时到达，后来又遇到了因同样原因进贡年糕迟到的越前国百姓。作为惩罚，京都方面要这两群人表演歌舞，最后结局皆大欢喜。

2　收录了江户时代文人学者各类散文、典故考证的丛书，共 10 册。明治年间出版。

"酒阵营"和"年糕阵营"进行论战的故事

论战双方的观点中巧妙地融入了"甜党和烈党""上户和下户"这类心理差异与不同主张

饮酒十德

狂言《饼酒》	《百家说林》
1. 独居的好伙伴	1. 讲礼仪
2. 与人和睦	2. 去疲劳
3. 结交显贵	3. 忘忧
4. 便于走亲访友	4. 散愁
5. 旅行携带方便	5. 提士气
6. 有延寿功效	6. 转换心情
7. 治百病	7. 解毒
8. 解忧	8. 与人和气
9. 慰劳	9. 结交好友
10. 驱寒	10. 延年益寿

结 语

　　酒是人类创造出来并给人带来愉快的文化产物。大多数民族拥有酒文化并以之为荣，人们满怀浪漫而美好的愿望，在漫漫历史长河中倾心灌溉酒文化，令其成长与发展。日本人自古以主食大米为原料，选世间罕见的清澈美泉为加工用水，巧妙地运用日本特有的气候风土条件，加上米曲霉菌，构筑出独特的酒文化。

　　日本拥有得天独厚的地理条件，它四周都被海洋包围，是位于亚洲最东边的"日出岛国"。在漫长的历史中，到近代之前，日本与海外的政治、经济和文化都处于较为隔绝的状态。日本的酒文化也没有受到海外的影响，是日本人独自培育出的。也可以说，日本酒是"日本人只为自己创造出来的酒"。那些陆地相连的国家也各有自己的酒文化，这些酒之间往往存在着共通性和相似性，而日本酒则不同，它是纯粹而独特的。本书就是讲述日本人的祖先是如何创造、培育并爱护这种日本特有之酒的故事。

　　近年来，啤酒、威士忌、葡萄酒等酒不断进口，与本应是"国酒"的日本酒分庭抗礼，这场对抗赛在不知不觉间已扩展至小小的日本列岛全境。如果你乘坐新干线，会发现车厢里贩卖的都是加水的威士忌和生啤酒，根本看不到温得刚刚好的日本酒或冰得凉飕飕的吟酿酒。就算你去寿司店吃饭，店里摆放着的替客人保管的酒也都是威士忌和白兰地，几乎看不到日本酒。出门旅行时打开酒店客房的冰箱，你会很失望地发现里面没有日本酒，让人不得不产生疑问"我真的是在日本吗？"

　　之所以会有这种现象，是因为日本人生活方式的变化导致消费者对生食生鲜越来越保守，再加上日本酒产业界对此应对不积极。但是，日本酒是属于日本人自己的酒，是日本文化的一部分，我们需要更加了解它，并将这种了解当作文化素养来看待。这并非要求大家抵制加水的威士忌或抵制大口大口喝啤酒，而是希望大家能够一边慢慢品尝日本酒的独特滋味，一边了解日本食文化的优势所在。本书写作的初衷，就是希望为读者创造这样的体验契机。

最后，请允许我在本书即将结束之际，向对我格外关照的中央公论社佐佐木久夫先生致以诚挚感谢。此外，本书创作主要参考了以下文献，在此衷心表示感谢。

《日本酿造协会杂志》（日本酿造协会、日本酿造学会著）

《日本酒的历史》（加藤辩三郎编辑，研成社出版）

《日本酒的5000年》（加藤百一著，技报堂出版）

《关于酒类在社会文化层面的调查研究》（酒精健康医学协会饮酒文化研讨会编）

向为本书提供照片的各界人士以及东京农业大学酿造博物馆致以深厚的谢意。

1992 年 10 月

小泉武夫

学术文库版后记

无论哪个民族都有自己引以为豪之物的故事，本书以日本的民族酒及相关事物为主线，讲述围绕着它们的一切，让读者了解日本人如何用天马行空的想象力和各种智慧构建的民族独有的酒文化。

有人说"一个国家的酒可以衡量这个国家历史和文化的深度"。我相信很多读者能通过本书感受到日本酒所蕴含的深刻文化内涵与丰富智慧创意。如果读者能通过本书认识到日本人创造的酒是何等神奇非凡，那么本书就达到了它的目的。

对日本酒的诞生起决定性作用的，还是在第一章讲述到的酒曲。"曲"是在谷物上繁殖的丝状菌（有益霉菌），在日本之外，东南亚和东亚各国也都用曲来造酒，但各国用的都是毛霉菌，只有日本用米曲霉菌。

之所以只有日本选用米曲霉菌造酒，大概是因为米曲霉菌是非常纤细敏感的丝状菌，唯有日本的气候风土、适合水田耕作的特有的地理环境和生态系统能与之完美契合。米曲霉菌只有在日本才得到了"发扬光大"的机会。

米曲霉菌不仅用于酿造日本酒，也用于酿造烧酒、味噌、酱油、味淋和米醋等。米曲霉菌奠定了日本的饮食文化基础，所以在 2006 年被指定为"国菌"。我诚挚地希望政府能推动使用这种国菌酿造出来的民族特产日本酒，早日入选世界非物质文化遗产。

不过，近年来日本酒也发生了很大的变化，首先是酒质的改良。以往日本酒以"甜口""重口"这类味道浓厚的酒为主流，但随着适合酿酒的优选米种的培育，高精白米的使用，低温发酵技术的出现以及米曲霉菌选拔、造曲技术的进步，容易让人接受的清爽口味"淡丽辛口""吟酿口味"开始流行。日本酒也因为这种变化大受欢迎，得到了包括年轻女性在内的广大消费者的喜爱。

更让人喜出望外的是，日本酒也开始走向世界了。以葡萄酒爱好者们为主的海外消费者喜欢它带有水果滋味的芬芳，这

10 年间（2010~2020）日本酒的出口量持续刷新，出口额甚至达到了 240 亿日元（2020）。

日本酒已经进入一个新的时代，我们正应趁这个时机加深自身的日本酒文化素养，了解日本酒作为"国酒"那充满神秘的过去与现在，增加相关的知识，将日本酒作为文化遗产来重视。

2021 年 7 月

小泉武夫

本书修订自 1992 年 11 月中公新书《日本酒文艺复兴：寻找民族酒的浪漫》。

图书在版编目（CIP）数据

杯中风土：日本酒的文化史 /（日）小泉武夫著；
甘卉译. -- 北京：社会科学文献出版社, 2024.6
（樱花书馆）
ISBN 978-7-5228-3135-0

Ⅰ.①杯… Ⅱ.①小… ②甘… Ⅲ.①酒文化-文化
史-日本 Ⅳ.①TS971.22

中国国家版本馆CIP数据核字（2024）第024637号

·樱花书馆·

杯中风土：日本酒的文化史

著　者 / 〔日〕小泉武夫
译　者 / 甘　卉

出 版 人 / 冀祥德
组稿编辑 / 杨　轩
责任编辑 / 胡圣楠
责任印制 / 王京美

出　　版 / 社会科学文献出版社（010）59367069
　　　　　地址：北京市北三环中路甲29号院华龙大厦　邮编：100029
　　　　　网址：www.ssap.com.cn
发　　行 / 社会科学文献出版社（010）59367028
印　　装 / 北京盛通印刷股份有限公司

规　　格 / 开　本：889mm×1194mm 1/32
　　　　　印　张：9.125　字　数：150千字
版　　次 / 2024年6月第1版　2024年6月第1次印刷
书　　号 / ISBN 978-7-5228-3135-0
著作权合同
登 记 号 / 图字01-2023-0615号
定　　价 / 79.00元

读者服务电话：4008918866